続・生活数学シリーズ No. 4

明日への生活数学

スマホ時代に生きる術《すべ》として

岡部 進 著

表紙絵画・硯川秀人

まえがき
―書斎という空間からの声

新型コロナウイルス感染予防ということで、「三密」（密着、密閉、密集）を避けようという声に押されて、家から外に出ない高齢者（65歳以上）が多いという。筆者は、85歳になりましたから、この一人で書斎生活者です。

朝起きて昼間の3～4時間はパソコンに向かい執筆、この間に昼食と15分間の昼寝をする。17時から1時間の散歩で、コースは途中で筆者の畑に寄って野菜を見ることにして、歩道が整備されている自動車道脇を歩きます。約6千歩を目標にしています。

この定番日課が終わると、新聞を読むか、専門誌に目を通し、テレビニュースを見ます。最近、驚いた納得ニュースは、官庁サイドからの「数理資本主義」という用語記事*）です。資本主義に「数理」がついています。これを読んでいよいよ「数学」（生活数学）が広がっているという実感です。

*）記事「先進各国における数理資本主義」出典：経済産業省商務情報政策局情報　技術利用促進課守谷学著『報告書「数理資本主義の時代」のご紹介』２０１９年９月　９頁

畑、種蒔き談義

こうした定番の日々を過ごしていると、他に「何かしなければならない」という回答意識が働いて、この「何か」に気付くことがあります。

「三密」を避けた書斎生活ですから、時々やって来る庭師との会話が楽しみの一つなのです。筆者の庭を任せている若者で、最近は畑を頼むようになり、時々の話し相手にもなってくれているという訳です。この彼との会話の中で、畑に野菜の種を蒔くときの段取りが興味深く、メモをとりながら質問をするようになりました。

このとき気付いたことは、畑に種を蒔くという仕方からして数学が必要であることが共通認識となりました。というのも、畝《うね》の幅と距離と種の量という三者の関係を議論している中に種の発芽率が飛び込んできたのです。

収穫量の目安を立てるにしても、種をまく面積を決めてから、発芽率を考えるのでは順序が違います。

議論しているうちに、次のような順序が出来上がりました。

収穫量↓種の発芽率↓蒔く種の数量↓畝の幅↓畝の本数↓耕地面積↓種の購入数量

こうした順序で話が進んでいるさなかでも彼は、片手にスマホを持ち、ネット情報があった方がいいと思う度に、同時進行で調べながら会話に加わっています。

例えば、購入しようとする種の発芽率を知ることが必要と会話しながら思うと同時にスマホで調べます。発芽率は種専門店のホームページをスマホで見ればよいという訳です。

スマホは、会話をスピーディに、かつ、その時に必要な情報を瞬時に集めて、会話が途切れることなく、より深いものにしながら進めていくことができるツールなのです。

85歳の筆者の若い頃では、疑問があるとメモを取り、後日、図書館に行って調べ、コピーが禁止で使えない時には調べて書き留めたメモを持ち帰って、やっと話の続きができるという状況でした。しかしスマホは、「メモを取る」から「メモを持ち帰る」という過程を瞬時に省いていることになります。

彼との会話は続きます。発芽率がわかっても、畝の幅と長さと種の位置間隔を決めなければ種の個数が決まりません。ここでもスマホは、計算機に変身して種の個数を算出します。スマホの活躍ぶりを見ていると、スマホを一度使うと手放せないことがわかります。

このようにデジタル技術は、これを知っていようがそうでなかろうが、また学んでいようがなかろうが、スマホを通してスマホを使っている全員が享受し、使いこなしている、これが現代ということです。

生産や消費の形態が数値《データ》オンリー

かつて昭和時代には、数学を知らなくても「勘」で種まきは出来るという時代がありましたが、こうした時代はとっくに過ぎ去ってしまいました。

また数学は「無用の用」といって、数学から遠ざかっているわけにもいかなくなりました。畑には計算機や巻き尺が活躍するという、

・計量幾何

も登場しています。とにかく、数学を使わないと無駄が出て余計な野菜を作ってしまう訳です。

さらにITの時代は農業経営を直撃しています。いま、日本の生産農家では、ビニールハウスを使って、

・温度、肥料、水、日照時間

などを、

・情報機器で管理している

というケースがテレビ放映されています。

・管理にはデータをコンピュータに入力しなければならないので、

・数学を伴ったプログラムが必要です。ここにも数学は農産物の生産活動で日々使われています。
この状況は漁業でも同様です。船に積まれたIT機器が対象魚の集まる漁場を探知していますから、ここにも数学は存在しています。
また一方、生産活動から離れて都会生活をしている人々の行動を見ても、
・格安値段
・割引率
・商品ラベル
に関心が集まっています。
中でも商品ラベルには、
・商品を構成している材料、材質、成分、数量、生産日、消費期限
などの様々な情報が盛られています。これ等の数値には数学が介在していますから、
・消費活動に数学はかかわっている
という事実が読み取れます。

数値《データ》を生かして良し悪しの判断

10年ひと昔といわれますが、この頃から筆者はすでに、

・これからの時代は世界情勢を数値《データ》で正しく判断して未来を予測することが出来なければ豊かな生活は見込めないと、言い続けてきました。新型コロナウイルス感染状況が半年を越えて続き、「三密」を避けて書斎生活を余儀なくされている今、改めて世の中を俯瞰すると「数学の実用・応用」は、それを必要とする場面が果てしなく広がり、重要さを増してきています。そして数学が社会と密接に結びつき、

・数理資本主義

の世界にかかわっている現実が見えてきています。

本書は、こうした今の時代を書斎で見つめながら、江戸・明治・大正・昭和・平成と時代を振り返りつつ、

・明日への数学と生活の関係

即《すなわ》ち、

・生活数学

を見つめました。

本書の刊行にあたって、ヨーコ・インターナショナル代表取締役前田洋子さん（筆者の妻）に校正や装丁・デザインなどでお世話になりました、感謝を申し上げます。

令和２年（２０２０年）晩秋

岡部　進

明日《あす》への生活数学——スマホ時代に生きる術《すべ》として

目次

第一章　「生活数学」提唱の背景

――数学を生活に活かす活動の系譜から

1　はじめに

「数学」といってもいろいろな分野があり、研究対象も様々ですから、全体像を掴《つか》むのは難しい。このような「数学」ですから、その存在をめぐっていろいろな捉《とら》え方が生まれています。そこで代表的な捉え方を次に取り上げてみましょう。

第一は、「数学は無用の用」などといわれているように生活にまったく役に立たないが大事な存在という捉え方です。

第二は、「数学は数学者が頭の中で作り上げている存在」であって、観念の所産であるから、生活に役立つとか役立たないとかに関係がないという捉え方です。

第三は、「数学は生活の中から生まれたにせよ、その段階にとどまっているわけでもなく、抽象化されている」から、生活に役立つとか役立たないとかのレベルを超えているという捉え方です。

第四は、「数学は生きる術《すべ》を求めて人間が作り上げてきているのだから、生活に役立っていないように見えても役立っている」という捉え方である。

第五は、「数学は自然とのかかわりで生まれているのだから、人間が勝手に作り上げた産物のように見えても自然界の法則性を反映している」のだから、生活に役立っているという捉え方である。

いずれにしても数学の捉え方は、一人一人で異なっているのかもしれません。

本章では、表題にあるように、「数学を生活に活かす活動の系譜」を明らかにする事を通して「明日の生活数学」像を顕在化することですから、第一、第二の立場ではありません。

では、「生活に数学を生かす活動」とはどんな中身なのか、この疑問を解き明かす事から始めます。

2 そろばん術から数学へ
――17世紀初頭の日本の数学

今から400余年も昔に遡《さかのぼ》ります。慶長8年（1603年）頃、徳川幕府が生まれ、政権拠点は江戸になり、以降三百年も続きます。この歴史的期間を江戸時代と呼称しています。この江戸時代は、鎖国政策が浸透して、他国との文化交流が自由ではありませんでした。当然のように、
・数の呼称と表現
・計算の道具
・計算の仕方
などは、江戸時代以前の遺産を生かすことでした。
こうした鎖国という制約の中でしたから、欧米に見られない独特な計算術が生産さ

れていきます。

それはどんな計算術なのでしょうか。

一つは、ソロバンという計算機を使うという計算術です。加減乗除の計算がソロバンで出来るようになることは人々の願いでした。

けれども難関がありました。

・割算

です。

誰でもがそろばんで割算ができるように口コミ、親からの言い伝え、指導者の登場など様々な出来事や振る舞いがあったでしょう。

生活の中の割算を説《と》く書物の登場

こうした様々な割算習得の過程から割算術を記録に残すようにして普遍化しようという雰囲気が生まれます。普及のためのテキスト作りです。これは、

・「割算書」

として実を結びます。

しかし、割算書には割算の仕方を歌にして表現するという工夫も見られましたが、それだけでは長続きがしません。日常生活で出合うような割算の場面を例題のように

取り入れて紹介します。この仕方は単に割算を日常生活と切り離して説《と》くという姿勢ではなく、「割算は生活する術として存在している」という姿勢です。

この視点で著《あらわ》された先駆的書物は、

・毛利重能著『割算書』（1622年）

です*)。

*) 岡部進著『算聖・関孝和の「三部抄」を読む』ヨーコ・インターナショナル　2017年刊　1〜15頁

生活の計算術から生活の数学へ

そして数年の月日が経って、そろばん割算術だけの書物では物足りませんから、そろばん四則計算が使われている場面を用意する書物が登場します。商《あきな》いや土木の場面を用意して度量衡計算なども取り入れたのです。

・吉田光由著『塵劫記』（1727年刊）

の登場です*)。

*) 吉田光由著・大矢真一補注『塵劫記』は岩波文庫に収められています。

吉田光由はそろばん割算書の範疇を越えて、そろばん計算全般を日常生活とのかかわりでまとめます。『塵劫記』はまさに計算術から生活の数学への取り組みでしょう。

この時代の計算術は、生活の中の数学として、いわゆる筆者が提唱している「生活数学」へとステップアップしたのです。

生活に依拠した数学からの離着陸

『塵劫記』は、その後、日常にかかわる素材を課題問題として提起して、解答を問うという課題リレー方式（遺題継承という）の書物を出版しています。この課題リレー方式は、難問提示を目指しましたから、そろばん数学の中身が深化していきました。そして数学の体系化が促《うなが》されたのです。この体系化を目指していたのは、

・関孝和（１６１２～１７０８年）

です。関孝和は、そろばん数学からの離着陸を目指して、

・「傍書法」

を創造しました。

これは、いま学校数学(西洋数学)に登場している「文字式」に該当します。「任意の数」(数の集まり）を文字で表現する仕方です。

例えば、西洋数学での文字式 a＋b は、傍書法では|甲|乙あるいは|甲|乙と表しました。

この頃、西洋数学の四則演算記号（＋－×÷）は輸入されていませんから、和（足《た》し算）は二つの文字を横に並べるか、上下に並べる仕方を取りました。また係数は「算

木」*）で表す仕方を縦棒や横棒（線分表現）に代えて、縦横棒を文字の左横に添えるように表現したのです。

*）算木は、中国の古代数学史に登場しています。算木は、マス目のある正方形の盤（算盤、さんばん、そろばんともいう）に数を表すための計算用具です。切り口が数ミリ単位の正方形で、長さも数センチの細長い直方体の木片です。これを何本も使って縦横に並べて数を表す。関孝和は、この算木方式を紙面に表せるようにモデル化したのです。

このような関孝和の改革は、そろばん方式数学を足場にしながらも、文字方式の数学（西洋数学での代数）へと飛躍をさせたのです。

この所産の一つは、

・関孝和著『三部抄』*）（1688〜1704年、弟子による刊行）

です。

*）前掲　岡部進著『算聖・関孝和の「三部抄」を読む』17〜182頁

いま『三部抄』を読むと、数学の生成過程が分かり易く論じられていて、

・生活から生まれ
・生活を止揚するとともに
・生活へ戻す

という数学の跡が垣間見られます。ここは「生活数学」の故郷（原点）を思わせるで

しょう。

3 問題解法（計算術）の国定算術書
――明治・大正・昭和初期の小学校数学（算術）

日本の数学教育史で負の事例として取り上げられるのは、１９世紀後半の国定算術書でしょう。

明治維新後の教科書は、先に紹介したような江戸時代に発達した日本固有の数学（和算）が破棄され、欧米数学の輸入期ですから、欧米数学のイロハからの学習を目指しました。欧米式の四則計算の習得が先行して、こうした問題ばかりが出ている算術書児童用で、解法は指導書で、教師が授業で解法を先導するという訳です。

こうした問題集形式の教科書ですと、

・算術の授業は問題解法

ということになりますから、

・授業の中心は計算術の習得

であって、

・概念形成を目指すという視点は生まれない

でしょう。

けれども人々は、義務教育としての学校で文明開化の掛け声の下で懸命に欧米数学の初歩を学びました。この一方で、日々の生活での計算は、伝統のそろばん計算術であって生活の中に浸透していましたから、学校数学は使いません。

このように欧米数学の初歩は生活と乖離していくのです。

4 明治時代中期に起きた世界的な数学教育改造運動

こうした状況下で世界に目を向けると、中等教育にかかわって、１９０１年（明治３４年）に世界的な数学教育改造運動（以下、改造運動）がイギリスから起こります。このときのリーダーはアイルランド・アルスター出身の、

・ロンドン王立理科大学教授ジョン・ペリー（１８５０〜１９２０）

です。ペリーは、若い時に来日して工部大学校に勤務した経験があり、日本で研究した内容を祖国でさらに深めていったという理学・工学者です。

１９０１年（明治３４年）、ペリーはグラスゴーで開かれた学術協会年会で物理学・工学分野の諸会長の立場から演題「数学の教育」で講演し、数学（特に幾何）が社会的な活動に全く活用されていない現状に触れ、

・「実用数学」

を提唱すると共に他に幾つかの改造提唱をします*)。

*）ジョン・ペリー著・小倉金之助序・新宮恒次郎訳注『初等実用数学』山海堂出版部
１９３０年１～１３頁

この諸提唱にドイツやアメリカの数学者が賛同の声を上げます。それから１０年近く経って、日本でも数学者が立ち上がります。その先達は、
・数学者林鶴一（１８７３～１９３５）
です。そして中心的に活躍した数学者は、
・小倉金之助（１８８５～１９６２）
で、林鶴一の指導を受けた一人です。

小倉金之助は、林鶴一から紹介された、
・ドイツの数学者フェリックス・クライン（１８４９～１９２５）著『高等なる立場から見た初等数学』
を読み、この書物の紹介文を東京物理学校雑誌に投稿し、掲載されます*）。

*）岡部進著『小倉金之助その思想』（教育研究社　１９８３年）４５頁

このときの著者のＦ・クラインは、改造運動のドイツ指導者です。

これが契機となって、小倉金之助は改造運動を知り、改造精神に共鳴するのです。

そして改造精神を日本の中等数学教育の改革に生かそうと、論文や単著を書いて、あるいは講演などで提唱していきます。改造精神は次第に中等教員の間に普及していきます。しかし、小倉金之助が提唱する改造精神は、文部省でなかなか生かされません。

「改造精神」普及の拡大

こうした中で改造精神は、私立小学校教師が現場に生かしていきました。いわゆる「生活算術」運動です。詳しくは第二章に譲ります。

そして時が流れて昭和１０年（１９３５年）、国定算術書は改訂され、緑色表紙の教科書が登場し、書名も「小学算術」と変わります。改造精神は活《い》かされたのです。

内容を見ると、例えば第一学年児童用には、これまで全く見られなかった写真が数多く登場し、写真を見ながら問題を解くという配慮がなされました。ここには数概念を日常生活の場面に依拠して育てようとする狙いが見えます。まさに「計算術から数学へ」の道が開かれ、数学が生活と結びついて児童の前に登場します。編集方針の大胆な転換です。けれども、残念ながら問題集形式は不変でした。

その後、戦時下になっても概念形成を重視する緑表紙教科書精神は維持され、問題集形式も不変でしたが、書名が一、二学年が「カズノホン」三学年から「初等科算数」へと変わり、「算術」用語は消えます。

いずれにしても、２０世紀初頭に展開された数学教育改造運動の精神は、文部省の教科書編集方針も改革していきました。この点については後述します。

5　数学者小倉金之助の「数学の大衆化」思想

数学者小倉金之助は、幼い頃に両親と別れ、祖父母の経営している回漕業の雰囲気の中で育ち、孫として家業の後継者でした。

幼いころから実験のある理科（化学）好きで、小学校の頃から外国文献を取り寄せて読むというほどの「学問好き」でした。

しかし、経営者の祖父から回漕業に従うことを言われ、上級学校で学ぶことを拒否されるほどでしたが、祖母のはからいで中学校に進みます。けれども学校での授業に満足が得られません。そっと祖父の目を盗むように上京して、化学の学べる学校を探します。出合ったのは、

・東京物理学校（東京理科大学前身）

です。ここで若手研究者から化学の講義を受けます。研究への関心は高く、大学で学ぶ機会を得ますが、この学びもつかの間でした。

回漕業の後継者として後を継ぐ日が来るのです。家業との両立で悩み、実験を伴う化学研究を断念するとともに実験のいらない数学への転換を図ることが可能なのか、相談の手紙を書きます。この宛先は、当時、改造運動に関心が高い数学者林鶴一です。このとき、林鶴一が紹介したのが、前述した通り、改造運動のドイツ指導者フェリックス・クラインの著した書物*)でした。

＊）Ｆ・クライン著『高等なる立場から見た初等数学』第１版の序文１９０８年６月　原著名"Elementar mathematic vom höheren Standpunkte aus I"　訳書遠山啓監訳『高い立場から見た初等数学』商工出版１９５９年１１月１５日発行　現著書第３版序文１９２４年を使用している。

小倉金之助は、家業の仕事の合間にこの書物を読みます。そして前述したように書評を東京物理学校誌に投稿し、１９０９年９月号に掲載されます＊）。

＊）①岡部進著『小倉金之助その思想』教育研究社　昭和５８年９月１日発行３６～４６頁
②岡部進著『「洋算」摂取の時代を見つめる』ヨーコ・インターナショナル刊　２００８年３月２０日　２３３頁

こうした研究が目に留まり、東京物理学校は研究者として小倉金之助を迎えるのです。そして間もなく、林鶴一の招きの声に応じて東北帝国大学に移り、純粋数学（幾何学）を研究する立場になります。

研究者として歩み始めるのですが、この頃、林鶴一の影響もあって改造運動の普及活動をすることになります。同時に中等学校数学科教員の研究大会で講師を務めることにもなって改造精神の何たるかを知らなければならない立場になっていきました。この間、前述のジョン・ペリーが著した書物に出合うのです。

こうして小倉金之助は、二人の改造運動の指導者から中等数学教育の在り方を学びます。この視点は、改造精神として位置付けられます。

小倉金之助が学んだ改造精神

クラインやペリーから学んだ改造精神とは具体的にどんなことなのでしょうか。要約すると、次のようになります。

①幾何教育の改造（公理的方法の改革）
②分科主義から融合主義へ（算術と代数の融合、代数と幾何の融合）
③実験実測のすすめ
④実用・応用に心掛ける
⑤「函数」概念とグラフ化の重視　（「函数」にしたのは、今の「関数」とは対象が広いため）
⑥微積分の早期導入
⑦方眼紙の活用
⑧対数計算

小倉金之助は、この改造精神で日本の中等数学教育*）の在り方を研究します。当然のように、現状批判になるでしょう。小倉金之助は文部省を批判していると受け止められる立場になっていきますが、目指すは改造精神の普及でした。

*）ここでの中等教育の対象は、師範学校、中学校、高等女学校です。出典、中等教育研究会編『中

等教育』第三十六号数学科協議会号　大正8年5月28日発行
この研究と普及活動の過程で生まれた著書は、
・小倉金之助著『数学教育の根本問題』（イデア書院　1924年）
です。この書物は、小学校教師にも影響を与えたといわれています。（第二章参照）

関心は統計学から実用数学へ

また一方でこの頃、小倉金之助は、西洋統計学 statistics に関心を寄せていきます。当時輸入されている西洋統計学は、国勢を対象とする学問でしたから、輸入される直後には「国政学」「国務学」「政表学」*）などと名付けられ、その後に「統計学」と呼称されるようになりますが、数学者の研究対象ではありませんでした。

*）穂積陳重著『法窓夜話』岩波文庫　1980年1月16日刊196頁

この統計学を数学分野へ引き込んで「数学としての対象」にするというのですから、数学者から見ると、違和感をもったでしょう。これが次の書物です。
・小倉金之助著『統計的研究法』（1925年　積善館　大正14年6月20日初版）
この書物が刊行されて6年後に、
・日本統計学会（1931年4月）
が創立されます。この翌年の会員は117名で、このうち数学者は7名でした。この中には林鶴一、小倉金之助も含まれていますから、西洋統計学に関心を持つような数学者は数名だったのです*)。

*) ①森田優三著『統計遍歴私記』日本評論社1980年4月1日　43頁

②岡部進・論文「小倉金之助とStatistics」小倉金之助研究会編『小倉金之助と現代』第4集　教育研究社　1988年11月11日発行　47頁

この数学者動向からして数学者として統計学を研究するという意気込みは、著書のタイトルが意味するように統計学ではなく、「統計的研究法」となっているところにも現れています。「改造精神」が後押しをしたに違いありません。

その後、小倉金之助は改造精神に位置付けられている「実用・応用のすすめ」への関心とも重なり、実用数学の研究活動に重きを置くようになります。

またこの頃、小倉金之助は、ペリー著『初等実用数学』の訳書*)に序文を寄せているようにペリーの主張する「実用数学」に傾倒していきます。

*) ペリー著新宮恒次郎訳注『初等実用数学』山海堂　1930年

やがて、実用数学の分野の著書が現れます。ロングセラーとして戦後にも版を重ねたという次の書物は実用数学そのものです。

・小倉金之助著『図計算及図表』(山海堂出版部　昭和12年3月6日発行初版)

なお、昭和19年3月20日訂正24版発行。また戦後にはサイズが小型化されて、昭和23

年9月15日再訂10版を重ねている。

さらに時を経て、昭和12年には、論文「数学の大衆化」を書き、次のように締めくくりました*)。

「わが日本に於て、計算尺や方眼紙を普及させた人々は、数学者でなしに、技術者であった。私は不幸にして、明治維新以来、わが大衆のために戦ったところの、有力な数学者があるを聞かない。もしも単なる数学の「技師」でなく、真に正しい意味の科学者であるならば、真理を目指す知的行動を、人間解放の目的にまで高めなければならない。」

*) 小倉金之助著『科学的精神と数学教育』岩波書店　昭和12年7月5日発行　343頁

論文が世に登場する昭和12年7月といえば、中国と日本軍との間に「盧溝橋」事件が起きています。これが契機の一つになって世の中は軍事色を濃くしていきます。こうした雰囲気の中で、小倉金之助は数学の実用・応用へ重点を置くのです。そして数学の大衆化として、次の書物を執筆します。

・小倉金之助著『家計の数学』（岩波新書　1937年）

この書物は、題名の「家計」という言葉からして、数学が日々の生活に存在し、この事実をくみ上げて、数学を使って生活を見ることの大切さを示そうとしたという、まさに「数学の大衆化」の実践です*)。

*）岡部進論文「小倉金之助と民衆のための数学――『家計の数学』の今日的意義」小倉金之助研究会編『小倉金之助と現代』第3集　教育研究社　1987年9月30日86～128頁

6　終戦前後の算数・数学教育をめぐって

時は、昭和20年（1945年）8月15日。この日、第二次世界大戦は日本の降伏で終結しました。連合軍の統治下になり、最高司令官はマッカーサー元帥でした。占領政策の一つは教育制度改革であって軍国主義教育の一掃でした。例えば戦時下で使用していた教科書から戦争を美化する部分は削除されました。教育制度は、複線型から単線型に変わるとともに、6・3・3制度になり、6は小学校、3は新制中学校、さらに3は新制高等学校となりました。

さて、教科の算数・数学の内容はどのように戦前戦後で変わっていったのでしょうか。小学校の教科書でその変化を見ましょう。

ここでは終戦1年半後に発行されている小学校第一学年用の「さんすう一*）と戦時中の「カズノホン一、二」**）第一学年用とを見比べてみます。ここでは前者を「甲」、後者を「乙」とします。

*）文部省著作権所有『さんすう一』全一冊分　昭和22年（1947年）3月15日　翻刻　日本書籍株式会社

**）文部省著作権所有『カズノホン一、二』全二冊分　昭和１６年（１９４７年）３月２２日
翻刻東京書籍株式会社
第一は、記述の仮名です。甲は平仮名であるが、乙は片仮名です。
第二は、目次の有無です。甲は、「もくろく」で５５項目、乙は直接本文です。
第三は、頁サイズの図版（写真や絵）の個数です。甲は、初めから４８頁（１０９頁中）が頁サイズ、他頁がカット図と設問の頁および計算問題のみの頁です。乙は、「カズノホン一」の全頁が頁サイズで３２頁分。「カズノホン二」の全頁がカット図と設問と計算問題で、５１頁分です。
第四は、演算の式です。甲は、加減共に横並です。乙は、加減共に横並びと縦並びです。
なおここでの縦並びとは、次のような「筆算」式のことです。

$$\begin{array}{r} 12 \\ +\ 1 \\ \hline \end{array} \qquad \begin{array}{r} 12 \\ -\ 1 \\ \hline \end{array}$$

このように四点を挙げましたが、何よりも両者ともに頁サイズの図版を数多く活用していることです。このことは大きな意味を持っています。というのも、児童の生活現実に算数を結び付けて学習していく方向性がみられるからです。当然のように、算

数を使って日々の生活場面を捉える姿勢も生まれます。

このように見てくると終戦直後の算数教育は、戦前の継承として「改造精神」が生きています。そして、算数が生活に深くかかわっているという事実を学習し、算数を生活に生かすという方向性も不変です。

なお、新制中学校の数学は割愛し、新制高等学校の数学については第三章で詳述します。

7 「生活数学」を提唱するまでの筆者の経緯

振り返ってみると筆者は、昭和３０年代後半から小倉金之助の数学観や数学教育観を本格的に研究するようになりました。

小倉金之助の著書との出会い

はじめて小倉金之助の書物に出合ったのは、大学二年生の時（昭和３１年）でした。当時、数学を専攻することに自信がなく悩んでいた時期でした。そんな時、図書館で『数学者の回想』*)に出合い、その場で夢中になりました。

*)小倉金之助著『数学者の回想』河出書房市民文庫　昭和２６年６月３０日初版(この文庫版は、後日、古本だけを扱う書店で購入したもの)

この体験がきっかけで、小倉金之助の書物を本屋で新書版や文庫版を探しました。

中でも文庫版『数学の窓から』）*）は、いまでも印象に残る一冊になりました。いま書斎の棚から取り出して中身を見ると、収録論文「数学の大衆化」の数行に赤鉛筆の棒線が付いていますから、じっくり読んで共鳴した証《あかし》です。

*）小倉金之助著『数学の窓から』角川文庫昭和３０年5月２０日五版

この時期以来、数学教員になる決意をし、それには実力をつけなければならないと、数学の専門書に目を向けるようになりました。

生徒からの質問

この読書契機から二年後、大学を卒業した直後に都立高校に勤務することになり、通信教育部（のちに通信制課程）に数学科教員として配属されました。同時に全日制課程の生徒も担当することになりました。

ある日、通信教育部の生徒がスクーリングの日に相談に来ました。

「先生、この幾何はどんなところに役立つのですか」

という質問でした。

話を聞いてみると、生徒は集団就職で上京、町工場に就職し住み込みだという。仕事の合間に幾何を勉強しているけれど、学ぶ意味が分からないという。この質問は新米教師の筆者にとって大きすぎてしかも難問でした。納得するような回答が出来たのかわかりませんが、生徒は挫《くじ》けることなく証明問題に取り組んでいました。
この難問が契機となって、再び小倉金之助の著書を読み直し、この難問に挑み続けました。こうして小倉金之助研究を本格化させました。

20世紀初頭の世界的な数学教育改造運動を知る

小倉金之助の著書を通してさまざまな歴史的出来事に出合いました。何といっても最初に挙げたいのは20世紀初頭に起きた世界的な数学教育改造運動（改造運動）であり、改造精神です。そして同時に改造精神を独自に発展させていると筆者がとらえている言葉の、

・「科学的精神」

です。この「科学的精神」の内実は、小倉金之助が少年の頃に化学に熱中したという経験に裏付けられています。端的に言えば、

・数学は自然界の諸法則を反映している

のだから、

・自然とのかかわりで、そこに内在する法則を抽象する認識過程を大事にする

という主張です。

つまり、「実在からの抽象」（筆者の造語）の過程を重視するということです。ここ

に数学を学ぶ根拠が見出されます。

この主張の必然として小倉金之助は「関数概念」を育てることと共に「関数のグラフ化」に懸命でした[*)]。

もう一つは、
・「数学の大衆化」
です。数学が受験のためにしか価値を持たない現実を批判し、数学を人々の生活に役立つことを目指した小倉金之助の主張は、筆者の生き方への舵取りに直結していきました。

*）岡部進著『小倉金之助その思想』教育研究社　１９８５年

改造運動発端の時代背景研究

小倉金之助の研究を続ける中で知らなければならないことが次々と現れてきます。何よりも改造運動の発端となったペリー演説（１９０１年）の背景を知る事でした。イギリスの１９世紀後半の教育事情を調べ始めました。

当時のイギリス幾何教育は、ユークリッド『原論』をもとにした「公理から定理へそしてこの証明をする」という定型の幾何教育でした。この定型幾何教育は日本の指導者によって輸入され、昭和３０年代後半まで長く続いていました。この輸入事実を改めて知り、当時、定型幾何を高校生に教える立場にいましたから、数学教育史を知らなければならないと痛感したのです。

また、一方で当時のイギリスでは初等教育の公的制度が遅れている事を書物を通して知り、不思議な思いがしました。調べていくうちにガヴァネス（女性家庭教師）制度の存在を知り、また諸文献で児童年代レベルの若年労働者の過酷な労働実態や慈善事業の児童教育も知り、小学校制度が整備されている日本の先進性を見るのでした。

さらに、「世界の工場」と謳《うた》われてきたイギリスの政治・経済（資本主義）にも目を向けました。というのも、なぜペリーは若い時に工部大学校に赴任し、祖国に戻って大学で研究する傍ら、ロンドンの熟練労働者（職工）に数学の講義等をしたのか*)、その背景が気になったからです。

*) 前掲ジョン・ペリー著小倉金之助序新宮恒次郎訳注『初等実用数学』4頁

政治・経済に疎《うと》い筆者ですが調べていくと、イギリス商品がドイツ・フランスの商品に比べて品質が劣っていることからくる「負の状況」があって、これが科学・技術を要求する熟練労働者の声となって表れたという事実が浮き彫りになりました。

資本主義という経済下では、品質の向上には科学に依拠した技術が必要でした。この必然として数学の実用・応用が不可欠であったのでしょう。この現実がペリー演説を誕生させたに違いありません。

結局、調べていくうちにわかったことは、なぜペリーは数学の実用・応用をすすめ、方眼紙使用までも強調したのか、この疑問の背景には学務局依頼の講義体験であって、労働者が生きる術《すべ》として数学を切実に求めている現実を認識したことでした。

高校数学教師として改造精神を生かす試み

こうして小倉金之助の研究をしている最中、高校数学教師として受験校で受験数学だけを教えていてよいのかという疑問が続きます。そうした日々で改造精神を生かすことを目指して、一年生の授業で「生活の中に一次関数を探そう」、二年生の授業では「生活の中に指数関数を探そう」という作業課題を生徒に呼び掛けました。この課題学習は生徒が数学を生活に結び付けて学ぶという授業形態の契機となりました*)。

*）岡部進著『日常性の数学に目覚めて』教育研究社　1991年4月1日発行　121～187頁

この二年生の作業課題学習には、「片対数方眼紙」（第三章参照）が教科書補充の教育内容として浮上しました。生徒の中から、「社会現象が指数関数であることをどのようにしたら見分けられるの？」という質問があり、「データが等比数列になっていればよい」というだけで済ますわけにはいきません。また「片対数方眼紙にデータをのせた時に点列が直線上にあれば、データは指数関数を表す」ということを教えてあげたいのですが、どのように教えるか教科書には全くヒントがありません。そこで「片対数方眼紙の作り方」という課題が生まれました。

このとき高校時代に「対数尺」(第三章参照)を学んだことがあるという記憶が残っていても内容は思い出せません。そこで、前掲小倉金之助著『図計算及図表』の「第三章図表学ノ概念第九節函数尺」(56~60頁)を参考にしました。教科書に沿って指数関数から対数関数を導く過程をもとにして対数関数のグラフを描く中で「対数尺」という視点を生かしながら片対数方眼紙を作りました*)。そして「対数目盛」を強調したのです。結果、生徒の課題学習に広がりと深みが出てきました。

*) 岡部進著『日常性の数学に目覚めて』130~137頁

この「対数目盛」づくりを活かして、

・日常現象から数学を抽出するという作業

・数学を日々の生活に適用する作業

という二つの側面、すなわち、

・日常からの抽象と日常への適用

という視点を浮き彫りにしました。これらに関わる数学は、

・「日常性の数学」

と名付けました*)。

＊）岡部進著『日常性の数学』教育研究社　１９９４年９月１日

大学での「日常性の数学」の授業
――プログラム内蔵の関数電卓を使って

１９９０年代はじめ頃ですが、大学に転勤した直後、新入生にパソコンを１台ずつ使えるようにする提案をしたのですが時期尚早とのことでなかなか難しい。そこで、プログラム内蔵の学生用関数電卓を勧めました。ベーシック言語でのプログラム作りは個人に任せて、関数電卓を使っての「日常性の数学」を授業に取り入れました。方眼紙を使うという授業は初めてだという学生が大多数でした。これが日本の高校数学教育の実態でした。学生は、「日常性の数学」にまったく出合っていないので関数電卓でベキ乗計算や対数計算に不慣れで、はじめは戸惑っていましたが、数か月で「日常性の数学」の視点で日常現象や経済現象をとらえるようになり、方眼紙や片対数方眼紙、両対数方眼紙を生かしたレポートが書けるようになりました。印象的なレポートは、リンゴの切り口の輪郭線をベキ関数を使って近似する試みでした。

生活数学ネットワーク活動

大学を定年退職して間もない平成１８年（２００６年）に書物づくりの作業をはじ

めました。「日常性の数学」にかかわる内容を踏まえ、さらにこの内容を日常生活に直結させる数学に止揚する意図で、読者対象を生徒・学生に絞らないで広げることにしたのです。題名は、前述の数学教育史を踏まえて「生活数学」としました。執筆を初めて2年後の春、ヨーコ・インターナショナル社から10冊シリーズとなる始めの数冊を出版しました。そして、「生活数学セッション」(ミニ講演会)とメールマガジン発信を月1回開催することで今日に来ており、現在、生活数学ネットワークの代表です。これらの活動の詳細は、巻末のあとがきに譲ります。

8　補足「対数目盛」について
――「改造運動」で強調されている内容として

ここで補足しておきたいのは「対数目盛」です。対数目盛は、前述のように「改造運動」でも強調されていますが、生活数学セッションでも社会現象を素材として扱うときにしばしば使う必要が生じています。これ程いま、「対数目盛」は日常的知識になりつつあります。

そこで、次にセッションで取り上げている「対数目盛」表現の事例を紹介しましょう。

放射線の人体への影響例

今から遡《さかのぼ》ること平成23年(2011年)3月11日にマグニチュード9規模の地

震が東北地方に起きました。この地震の大津波で、多くの人が犠牲になりました。同時に東京電力の原子力発電所（略称、原発）が翌日に崩壊し、放射線が風の吹く方向に流れて、人体へ被害が及ぶことが懸念され、被災する地域のすべての人が避難を余儀なくされたのです。原発から３０㎞も離れたところで放射線量が高いこともわかるなど、人体への影響が心配されました。

こうした中で筆者は、放射線量を測定したデータが文部科学省から発表されていることに気付き、日々記録して、どの地域が高濃度であるか、調べました。もちろん宅配の日刊新聞記事も記録しました。またたく間に放射能放出の情報は、全世界に広がり、訪日外国人の動向も注目されました*）。

*）岡部進著『茶の間に対数目盛――３・11震災に学ぶ』ヨーコ・インターナル　２０１２年９月１日刊　１６０頁

一方、政府は放射線の人体への被害程度を数値化し、視聴者が分かり易いようにという配慮からイラスト画を入れて、見た目で分かり易いように工夫された「日常生活と放射線」という表題の図表をインターネットで発信しました。これが図１です。縦軸の目盛が普通目盛のような数値の並びでなく、不自然だったということにすぐ気づいた人はいるでしょうか。イラスト画に目がいき、なんとなくわかったような気になっただけだと問題です。図１をよく見てください。

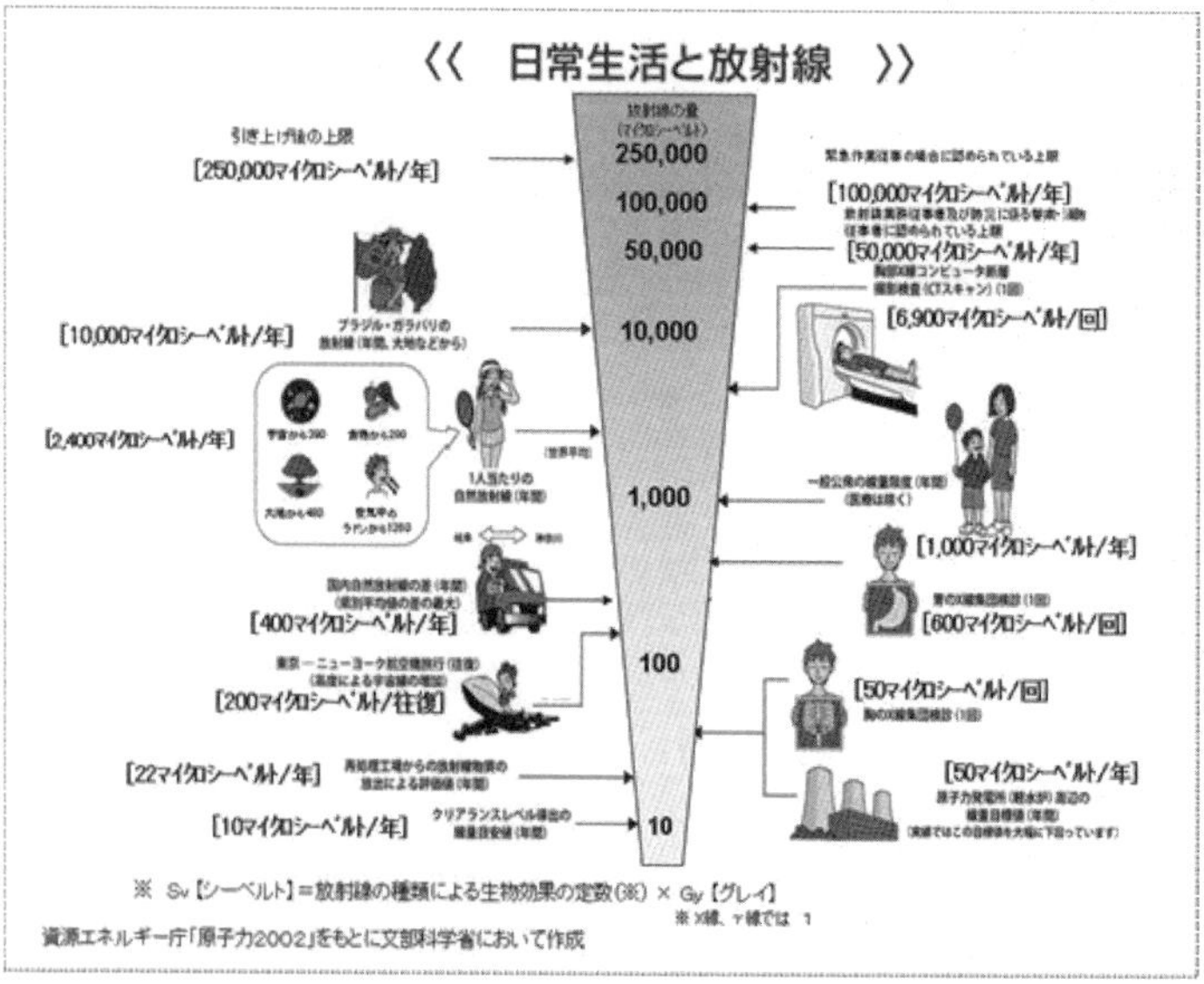

図１　文部科学省ホームページから (2011 年 4 月 1 日検索)。台形に囲まれた数値に注目しましょう．数値の 10、100、1000、10000、100000 は等間隔に並んでいるでしょう。普通目盛ではありません。「対数目盛」なのです。

縦軸の目盛は、

・「対数目盛」（詳しくは後述）

といいます。

この図1を見て、「もともと『対数目盛』で作られたはずの図表を広くわかりやすく伝えるために簡素化し、イラスト画も加えて作成された図」だと正しく理解した人は何％いるでしょうか。

そもそも対数目盛を学ぶということがあったでしょうか。今の時代は、パソコンやスマホでクリックすればポンと計算結果が得られます。このために、計算結果を導き出すまでの気の遠くなる手計算の積み上げの過程を学ぶ機会はないでしょう。

多分、図1の数表を読んで対数目盛に初めて出合ったという人が多数派を占めるでしょう。また図1を見て、なんとなくわかったということは「鵜呑み」ですから、正しいか問題なのか、という判断をする目を養うことができません。ここに「対数目盛」の中身を正しく伝える必要と重要性があります。

そこで早速、筆者は、毎月開催している生活数学セッション（ミニ講演会）で「対数目盛」を取り上げ、数学教育史研究者の一人として、震災直後からの一連の放射線量測定データを題材にした学習を続けました。

経済現象例

第四章でも詳しく扱いますが、「対数目盛」が使われている事例の一つは経済現象です。日本では、各国から、いろいろな生産物を輸入していますが、この輸入量は国によって差異があり、時系列で輸入量を観察するには、年次別データを一画面に描くのが分かり易い。

しかし、各国の輸入量は2桁も3桁も異なる場合があります。例えば、テレビの料理番組で話題になって果物コーナーで目にする生鮮アボガドの輸入量をあげてみましょう。２００４年の輸入量は、アメリカが３トンで、メキシコが２８２９４トンです。両者の桁数を見ると、

・アメリカが1桁でメキシコが5桁

ですから、４桁の差異があります。これらを両軸が普通目盛の画面に乗せると、数量を表す縦軸が長くなって、Ａ４サイズ用紙一枚には描けません。こうした時に、図２のように縦軸に、

・「対数目盛」

を使います。対数目盛は「常用対数」に依拠しています。けれども現在、常用対数は義務教育で扱っていません。しかし、常用対数は、パソコン、スマホ、関数電卓等に内蔵されている計算機に存在していますから、「使いたい」と意識すれば、だれでも

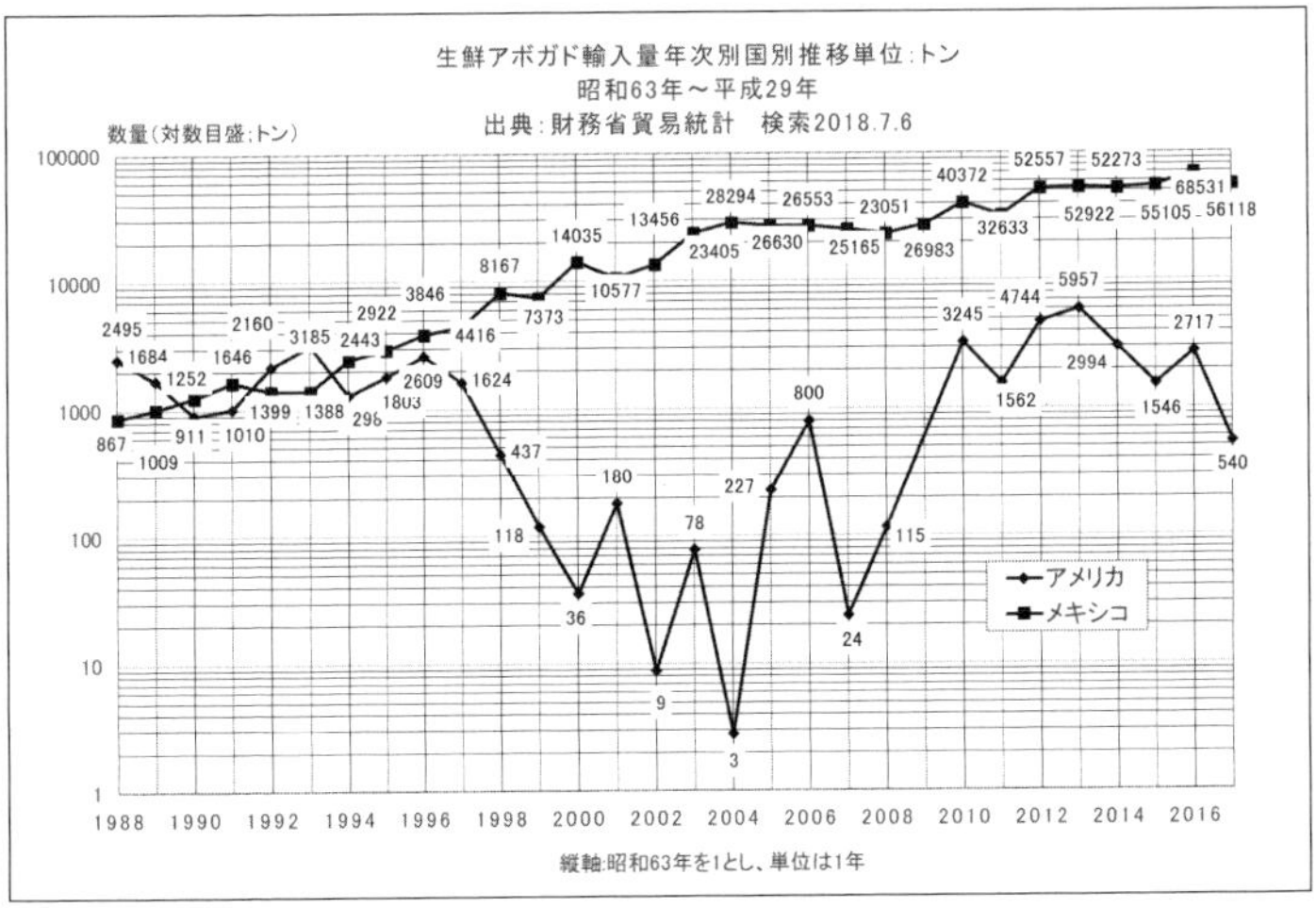

図２　縦軸は対数目盛　横軸は普通目盛　筆者作成

使うことができます。そこで、図2をもとに常用対数と対数目盛を説明しましょう。

常用対数と対数目盛

図2の画面に目を向けると、次の①②に気付きます。

①縦軸の起点は、1

②縦軸の目盛には、下から順に1、10、100、1000、10000、100000

と等間隔に10倍ずつの数が並んでいる

もし画面の縦軸が普通目盛ですと0を起点に目盛は等間隔に0、1、2、3、4、5になります。この違いに目が向くと、①②は対数目盛になっているらしいと気付きます。けれどもここで必要な知識は、常用対数です。

常用対数

たとえば、

・1000は10の3乗

です。この3乗の3は、

・10を底とした1000の常用対数

と言い換えることができます。そして記号で、

・$\log_{10}1000=3$

と書きます。このとき、

・10は常用対数の底《てい》、1000は常用対数の真数《しんすう》

といいます。また、底が10でない時は、単に「対数」といいます。

次に、スマホ内臓の計算機で、1000の常用対数を求めましょう。スマホ内臓計算機に登場する常用対数キーは「log」です。底10は省いてあります。例えば、$\log_{10}1000$を求める時は、logキーをクリックして、さらに1000をクリックすると、3が表示されます。

このように図2の縦軸の対数目盛の1から100000は、常用対数では0から5にそれぞれ対応しています。このように、

・対数目盛は常用対数の真数

のことです。

図2に戻って

図2の2004年の生鮮アボガドの輸入量は、アメリカの輸入量が3トン、メキシコが28294トンです。それぞれの数量は、縦軸が対数目盛の画面では、どのような位置に目盛られているのでしょうか。

スマホ計算機で3と28294の常用対数を求めると、次のようになります。

①log3≒0.4771

②log28294≒4.4517

まず①から対数目盛3の常用対数は、0.4771ですから、単位幅1に対して0.4771の位置が対数目盛3となります。

また②から、対数目盛28294は、等間隔に区切られた幅4個めの位置（対数目盛10000）から先の幅0.4517の位置になります。図2で確かめましょう。

このように縦軸が対数目盛の画面を片対数画面といいます。またこのような画面になるような用紙は、片対数用紙（市販では片対数グラフ用紙）です。

社会現象例

前述では、アメリカとメキシコの輸入量の常用対数をスマホ計算機で求めました。こうしたスマホ計算機を使うと桁数が2桁や3桁も異なるデータも片対数画面にすると視覚化が可能です。このような例として社会現象を紹介しましょう。

最も身近な例は、世界的な新型コロナウイルス感染者数でしょう。令和2年（2020年）5月27日では、

・アメリカが1666万6853人

・ドイツが１７万９００２人

・日本が１万６６５１人

です。これらの数値は、日本から見るとアメリカと３桁の違いで、ドイツとでは２桁の違いです。こうした桁の異なる国々の感染者数を日別動向として調べて一覧表にして、すべての国のデータを一画面に表そうとして無理をすると、どんなことが起きるのでしょうか。同年５月２７日のインターネットに登場している図表現を見ると、アメリカやドイツが含まれている画面では日本の日別動向は横軸に近い水平線になっているでしょう。日本の感染者数の推移を表す変動現象はアメリカやドイツと比較しながら見ることはできません。（関連として第４章図５を見ましょう）

しかし、アメリカやドイツや日本の感染者の動向を一画面に表して日々の変化を知りたいでしょう。この期待に応えられるようにするには、図２のように普通目盛の縦軸を「対数目盛」に変換するのです。

このためには、三国の新型コロナウイルス感染者数を常用対数で表すのです。スマホ計算機で、

・「常用対数キー log」

を選んで、当該数値を入力すれば、結果は次のようになります。

・アメリカの場合は、log1666853 = 6.22189…

・ドイツの場合は、log179002 = 5.25285…
・日本の場合は、log16651 = 4.22144…

この計算結果は、普通目盛の定規を使って直線上に当該の点を打てばよいのです。図2で説明したように、近似値4.22, 5.25, 6.22を直線上に点として記し、それぞれの点に対応する位置に16651, 179002, 1666853を目盛るのです。

このようにすると、縦軸が対数目盛の座標平面上にアメリカ、ドイツ、日本の感染者数の日別推移の様子が観察できます。市販されている片対数グラフ用紙を使って三国の日別感染者数を書き込む作業をすると実感がわいてくるでしょう。

まとめ

以上のように、数学は生活と不可分な関係にあって、生活に依拠して数学を捉える事や数学を生活に生かそうという声は、どの時代にも存在し、世界的な数学史を作りあげてきました。とりわけ前世紀初頭の世界的な数学教育改造運動は、数学を生活に生かすという側面を強調しました。

本章ではこの改造運動に共鳴した人々に光を当てて「生活数学」提唱の系譜としました。

第二章

大正・昭和初期の「生活算術」運動
——奈良女子高等師範学校教諭兼訓導 仲本三二の実践

1　はじめに

今から１００年も昔に遡《さかのぼ》って、小学校教師の教育活動を紹介するなど、

・古すぎますよ

といわれるかもしれません。

また、時代が激変している今では、百年も昔のことを持ち出しても、

・あまり意味がない

と思われるでしょう。

けれども、

・歴史から学ぶのはどの分野でも大事

と言う人もいます。

いずれにしても歴史的出来事は、ダイヤモンドが偽物であったり、石ころがダイヤモンドであったりと、

・実物調査

をすることで真実が見つかるのでしょう。

本章では、大正から昭和にかけての十数年間ですが、小学校教科算術の内容改革に取り組んだ教師たちの活動に光を当てようとする試みです。彼らが著した数多く残っている書物をもとに、その書物に共通している、

・国定算術書教育の改革の内実を捉えようという狙いです。

この改革の背景には時代性が顕著なのです。それは前章で触れましたが、２０世紀初頭に起きた世界的な数学教育改造運動の影響です。この改造運動は、中等教育にかかわる内容ですけれども、改造精神に共鳴した人々が中等教育数学教師だけでなく、小学校教師にも存在していることから、小学校算術教育にもかかわっていくのです。とりわけ改造運動に影響された小学校教師は、改造精神で強調された諸提案などを算術の内容に生かそうとする実践をしています。

こうした実践は今では総称して、

・「生活算術」運動

と呼称しています。

本章では、「生活算術」の内実を、実践者仲本三二の書物を通して見ていきます。

2　仲本三二著『実験新主義算術教授』（中文館書店大正11年3月5日発行）をめぐって

仲本三二は、当該書物を執筆している頃は奈良女子高等師範学校教諭兼訓導でした。このことは当該著者名の肩書で分かります。

では、当時、仲本はどんな算術教育活動をしていたのでしょうか。当該書物の前書きで、次のように書いています。

「高等師範学校の付属小学校に関係して居るので、実際の教授を参観し、或は研究教授に出席して議論を闘（ママ）はす機会が非常に多いのであります。所々の小学校に招かれて、そして全力を尽くされた教授を参観することも多いのであります。」

（1～2頁、頁数のみは当該著書頁を指す。以下同様）

この文言から、仲本はすでに算術教育の指導者として活躍していたことがわかります。

いうまでもなく仲本は、高等師範学校付属小学校教諭でしたから、国定算術書を基にした授業研究に長けていたでしょう。またこの立場からの講演依頼を受けて講演していたにちがいありません。また、これまで積み重ねてきた授業研究の成果を多くの小学校教師と分かち合いそして広げていくという講演をしていたことでしょう。

しかしそれだけであれば文部省算術教育推進の指導者になっていたに過ぎないのかもしれません。けれども仲本は、文部省算術教育推進の立場を越える算術教育を目指していました。

当該書物の前書きで次のように書いています。

「中等教育の教科書は、一年一年と改革せられて居ります。併し小学校の算術教授はあまり変って参りませぬ。修正の教科書が出来ましたが、大なる改革はありませず、之を取扱ふ上に於も従来の型其の儘のものが多いようであります。」（２頁）

このように仲本は、国定算術教科書が改訂されても、小学校算術教授が旧態依然であって、中等数学教育のように新しい息吹を取り入れていないことを痛感するのです。当時、中等数学教育は世界的な数学教育改造運動の影響を受けて新しい試みをしている事実を肌で感じていたのです。前書きの続きで次のように書いています。

「大正の初め頃から新主義の数学に頭をつっこんで、そして其の頭でもって今後の算術は是非斯くの如く教授せねばならぬと考へた事が多いのです。」（３頁）

この文言で注目したいのは、「新主義の数学」という言葉が登場していることです。そして自ら「新主義の数学」を研究していることです。

では「新主義の数学」とはどんな内容なのでしょうか。

実は、世界的な数学教育改造運動の影響下にある中等教育数学の内容を取り入れた書物が大正4年（1915年）に文部省から『新主義数学』というタイトルで刊行されているのです＊)。その後、「新主義」という言葉は世界的な数学教育改造運動の代名詞になっていくのです。

＊）文部省著作権『新主義数学』（ベーレンドゼン・ゲッチン共著、森外三郎訳）上巻下巻　株式会社国定教科書共同販売所発行所　1915年（大正4年）2月20日発行

（筆者注）この内容は改造運動の改造精神で執筆されたドイツの中等教育数学の教授要目とその内容です。ここでは「上巻」の1925年（大正14年）10月25日10版での紹介です。

こうして大正4年（1915年）頃から、仲本はこの書物に影響されて『新主義数学』を止揚することで新主義算術教育を実践していきます。この実践を明確に示そうと「実験新主義算術」が当該書物の表題として使われているといえます。

この点でタイトルの「実験」と「新主義」というふたつの言葉は仲本の算術教育実践をとらえるうえで大事なポイントになるでしょう。

3　目次概観

次に、当該書物の目次を見ましょう。

「第一章　数学教授の改革運動

第二章　改革すべき諸点
第三章　教授の実際
第四章　考査法の革新」（1～7頁）

この目次からも仲本三二の算術教育の立場が読み取れます。第一章に「数学教授の改革運動」が登場しているからです。

この章で仲本は、世界的な数学教育改造運動の指導者の声に耳を傾けるのです。と同時にこの運動の改造精神を明らかにして、この改造精神の視点で現状を見つめるのです。必然的に改造する内容が見えてきたに違いありません。この改造しなければならない内容を第二章にまとめたのです。第三章は、実践の内容で、何をどのように取り上げ、どのように教育内容にまとめていくか、その教材化の事例です。第四章は試験問題の作成と評価の視点です。

それでは各章の中身を見ていきましょう。

4　仲本三二と世界的な数学教育改造運動

２０世紀の初頭の２００１年（明治３４年）、イギリス学術協会年会でペリー（John Perry　１８５０～１９２０）は数学教育の改造を問題提起しました。この問題提起は、イギリス国内に留まらず、ドイツやアメリカへと広がり、世界的な数学教育改造運動に発展していきます。その後、この運動はペリー運動とも近代化運動*）ともまた新主義とも略称されて今日を迎えています。本稿では、以降から「改造運動」と略します。

*）小倉金之助補訳『カジョリ初等数学史』共立出版1997年432頁

改造運動との出合い

ところで、仲本は改造運動にいつ頃に出合っているのでしょうか。改造運動が日本に上陸する時期にかかわっているに違いありません。

調べてみると、ペリーがイギリス中等数学教育への改造を問題提起してから6年から7年が過ぎた頃に改造運動の波は日本にやってきます。

はっきりしているのは明治42年（1909年）です。この年に小倉金之助（1885～1962）は東京物理学校雑誌に書評『高等なる立場から見た初等数学』（ドイツ数学者フェリックス・クライン著　1908－9年）を投稿し、改造精神を紹介しています。この年に改造運動は日本に上陸するのでしょう。

*）①小倉金之助著『一数学者の肖像』現代教養文庫　社会思想史研究会出版部刊　1956年（昭和31年）154頁

②岡部進著『「洋算」摂取の時代を見つめる』ヨーコ・インターナショナル刊2008年232～233頁

このように明治42年（1909年）頃に改造運動は日本に上陸し、5年後の大正4年（1914年）に文部省が前掲『新主義数学』を刊行しています。
したがって、仲本は、明治42年から大正4年の間に改造運動と出合い、意識的にこの運動に目を向けたのです。

改造精神の把握

では、仲本三二は改造運動をどのように捉えていたのでしょうか。改造精神への眼を第一章の内容から見ていきます。
第一章で仲本は、改造運動の先駆者のペリーの他にアメリカ数学者ムーア（E・H・Moore　1862−1932）*）、そして前掲ドイツの数学者F・クライン（F・Klein　1849−1925）を取り上げています。

*）仲本は、「ムアー」としていますが、ムーアとしました。

最初の節で仲本はペリーとムーアの両者の主張を一緒にまとめて、次の引用文①②③のような説明をしています。

①「児童には、その力に相応せる諸種の実物または模型を与え、之を用ひて各種の作業をなさしめ其の原理原則が直観的に誘導され帰納さるる様に、教授を進めて行か

なければならない。」

②「特別に工夫せられ、設備せられた数学実験室に於て、児童各自の能力に相応せる作業なさしめつつ、その教授を進めることが必要になって来る。また実験室に於て取り扱ふ事ができない、経験を得させる為に、盛んに郊外の教授を行ふことが必要である。」

③「郊外教授に於て遭遇した。数学的事実の研究をなす為めに、その模型的扱ひを実験室に於てなすのである」（以上、7頁）

引用文①②③のいずれでもペリーとムーアは実物に触れる「作業」を重視しています。そして教室の外に出る事には限界がありますから、「模型作り」と「実験室」を提起しています。実験・実測の経験を教室内でも大事にするわけでしょう。もちろん、当時としては「実験室」は理科では何の抵抗もなく受け入れられたでしょうが、算術教育では極めて珍しい提案であったのです。この「数学実験室」の発想は仲本の独創ではなく、ムーアがすでに提案しているのです*)。こうした提案は「改造運動」の特徴のひとつでした。

*）前掲小倉金之助補訳『カジョリ初等数学史』437頁

続いて仲本は、次の④のようにも述べています。

④「次に其の取り扱ふ所の教材についても、応用を主とする数学を教授せよと主張するのである。数学教授の目的は、我々の実生活上に於て、遭遇する諸種の数量的事実を解決するのであるから、其の教材は必ず実用的のものでなくてはならない」（8頁）

引用文④は、数学の内容に目を向けて、日常生活に「応用」ができるような「実用」の内容であるべきことを仲本は主張しています。

この「実用」という主張は、ペリーにとっては特に強調したいことでした。この辺にも仲本の眼は向いていています。

というのも、19世紀後半に熟練労働者がものづくりに必要な科学技術を学びたいとする声が起こり、この声に対応するようにペリーは、「学務局」依頼の講座で、「実用数学」を講義した体験*）があって、「実用数学」教育の推進を目指すのです。④には、ペリーのこのときの経験が生かされています。

*）新宮恒次郎訳注『ペリー初等実用数学』山海堂出版部刊　昭和5年　原著は1913年。小倉金之助の序文に注目したい。

このように、ペリーの主張する「応用・実用」は、改造精神の一つの柱になっています。とりわけペリーの主張は、イギリス中等数学教育が時代の進展に取り残されつつある事実を端的に示しているでしょう。
次に仲本は、クラインの主張をどのようにみていたのでしょうか。次の引用文⑤⑥はクラインの主張です。

⑤「従来の数学の各分科が独立しすぎて、そして其の内容があまりに、純正数学的であった。即ち専門教育、数学者養成に必要な事柄を、普通教育がしていったのである。此の事は大なる誤りである。」
⑥「普通教育に於て最も貴ぶべきは、あらゆる数学の力を活用して最も容易に最も簡便に、問題を解き得る力を与ふる事である。斯くの如くするには数学の各分科を密接に相関係せしめて寧ろ是等結合して、一系統のもとに於て之を教授せねばならぬ。」
（以上、１９頁）

引用文⑤では当時のドイツの中等教育数学の状況が読み取れます*)。「各分科が独立」の典型科目は幾何に最も現れていて、内容が「専門教育」で「数学者養成に必要な事柄」のようであったのです。この幾何の改造と共に「各分科を密接に相関係せしめて是等結合」することが急務でした。この点は⑥に表れています。

*）林鶴一・竹邊松衛共訳フェリックス・クライン著『独逸ニ於ケル数学教育』大日本図書株

式会社発行　1921年（大正10年）　原著1907年発行

このように引用文⑥には現状改革という方向性を示すような視点で改造精神に「分科主義から融合主義へ」が組み込まれていく過程がはっきりと見えます。

日本の中等教育数学（筆者の注）

この中等教育数学の状況は、日本でも同じでした。中学校数学科目は、算術、代数、幾何、三角法などに分科していました。何よりも幾何はユークリッド『原論』の公理的扱い方に準じていましたから、引用文⑤は文部省を批判するというような誤解を生み出しかねないのでした*)。

*）前出　岡部進著『「洋算」摂取の時代を見つめる』238~240頁

その後、日本の中等教育数学（戦後の新制高校）は、戦後になって解析Ⅰ、解析Ⅱ、幾何の分科主義から数学Ⅰ、数学Ⅱ、数学Ⅲのような融合主義の期間もありましたが、高度成長期になって再び分科主義に戻りました。しかし、直近の2021年度からの科目編成をみると、数学Ⅰ、Ⅱ、Ⅲ、A、B、数学活用となっているので、融合・分科の両主義が混在しているようです。

融合主義の方向性

では分科主義の内容はどのように融合されるのでしょうか。仲本は次のように捉えています。

⑦「然らば何を中心点として、数学全体を統一するかと云へば、函数思想を以てするのが最良の方法である。（中略）数学は函数を研究する学問である、ということができる。而して二つの数量の関係を直観的に表示するものは、グラフであるから新主義の数学教授に於て、グラフは重要な位置を占める事になる。」（19～20頁）

引用文⑦で仲本は、クラインの主張する融合主義を説明し、そして融合する中等教育数学の中心理念として「函数思想」*）を位置付けています。

*）引用者注　ここで使われている「函数」という用語は現在では使われていません。今では「関数」と言い換えられていますが、この中身も20世紀後半になって変わってきています。当時の「函数」の中身は仲本三二が書いているように「二つの数量の関係」ということで対象の幅が広いのです。

このようなクラインの主張を生かして改造精神に「函数思想」として「二つの数量の関係のグラフ」教育が位置づくのです。このグラフ教育については、ペリーも「方眼紙使用」を強調しています。

＊）小倉金之助補訳『カジョリ初等数学史』436頁

のように書いています。

「メラン要目」に言及

さらに仲本は、クラインの改造実践にかかわって、「メランの要目」に触れて、次のように書いています。

⑧「クライン教授の考へ及び其の考への下に、あみ出された要目に関する大学の講義が、独逸の中等数学教授界に大なる刺激を与へて、改良の機運が盛になって来た。そこで1905年に、メラン(Meran)に於て開催せられた、独逸の数学協議会に於て、クライン教授の考へを余程入れた要目を制定した。之が有名なメランの要目である。プロシャの文部省は要目決定の準備として、管内の五つの学校を指定してメランの要目の研究をなさしめた結果、何れの学校からも成績が良好であるとの報告に接したから、要目の改定はせないが、メランの要目によって、数学を教授することを許可したのである。」（21～22頁）

このように仲本は、クラインの改造主張が生かされている「メラン要目」がドイツの中等教育数学に組み込まれていく様子を端的に述べて、その内容に触れています。

そして、「メラン要目」で編集された教科書として前掲『新主義数学』を紹介しています。

また、この教科書の特徴を次のように四つにまとめています。

⑨「函数的思想を基本として、之を直観的に図示せられた、グラフを大に利用して居る。併しクライン教授の考への如く教授するまでに進んでいない。」（２３頁）

⑩「幾何学教授に於ても、作図実験実測を行はしめ、これより帰納して或る命題に達せしめ、これにより何故に然るかの疑問を起さしめ、之を以て演繹的幾何学の準備としている」（２３頁）

⑪「（幾何教育に触れて）児童各自の実験により、或は簡単な推理の下に、生徒各自に定理を発見せしめ、その何故に然るかの疑問の下に於て其の証明を発見せしめやうとつとめる」（２４頁）

⑫「数学の応用を重んじて実際問題の解決を主とする。（例えば幾何学では）寧ろ空間に於ける観察力、想像力を養成して、以って実用的知識を与へることを、直接の目的として居る」（２５頁）

これ等の引用文⑨～⑫をキーワードで要約すると次のようになるでしょう。

・函数的思想→直観的→グラフ

・作図実験実測↓帰納↓演繹的幾何への準備
・実験↓推理↓定理の発見↓なぜ（疑問）↓証明の発見
・数学の応用↓実際問題の解決↓観察力・想像力↓実用的知識

このように「メランの要目」内容は、仲本にとって改造精神そのものの実践テキストのように認識したに違いありません。それだけに仲本は、前掲文部省『新主義数学』を手元に於いて研究していたことが十分に伝わってきます*)。

*)「メランの要目」については、前出の林鶴一・竹邊松衛共訳フェリックス・クライン著『独逸ニ於ケル数学教育』（大日本図書株式会社発行　大正１０年　原著１９０７年発行）に詳しい。

文部省『新主義数学』についての筆者のコメント

いま筆者も手元に前掲文部省『新主義数学』上巻だけですがあります。これを読むと、幾何の改造の跡がはっきりと見えてきます。

例えば、常套手段として当たり前になっていたという幾何の「数個の公理から用語定義そして定理へ」という指導内容が改造されているのです。公理が明示されていません。つまり、ユークリッド『原論』にみられる体系的な演繹的な記述内容を見直しているのです。そして幾何分野に代数計算が導入されているなど、幾何と代数の融合が具体化している所が見えます。

また、「函数思想」重視が教材にも表れて、座標平面が説明された後に柱状図や折れ線などが扱われていますが、これらが日常生活に見られる現象の図表現としての具体例として登場しています。

例えば、前掲文部省『新主義数学』上巻の272頁には、1840年から1905年までのドイツ鉄道の発達について、5年単位で距離が数値で明示されているのです。これらの二変数を座標平面に描くような場面も見られます。

こうした場面に仲本は出合っているに違いありません。

仲本三二が学んだ改造精神の柱

こうして仲本は、ペリー、ムーア、クラインの数学教育改革への主張を研究して自らの算術教育論の土台作りにしていくのです。

ここで、改造運動の改造精神をまとめると、次のようになるでしょう。

【改造精神の柱】（函数は関数とした）

①実験実測の作業導入
②実験室の創設
③実用側面の重視

④分科主義から融合主義へ
⑤関数概念を柱に教材編成
⑥関数の図的表現としてのグラフ活用

もちろん、これだけが改造精神という訳ではありません。中等教育のことにかかわって次の内容がペリーやクラインから提唱されています。

⑦微積分の導入
⑧対数計算
⑨ユークリッド流の幾何教育の改造

とりわけ、⑨が改造運動への契機となっているのです[*)]。

*）小倉金之助補訳『カジョリ初等数学史』共立出版１９９７年４３６頁

5　仲本三二が提起した算術教育改革の諸点

世界的な数学教育改造運動の改造精神をもとに、仲本三二は国内の算術教育に目を転じて改革すべき点を、次の１１項目を各節にして挙げています。ここでの①〜⑪は各節の番号です。

①事実問題から形式算に
囚はれた考へを捨てて／先づ動機づけねばならぬ／事実問題から這入って

②郊外教授の必要
児童の経験せる問題から／児童の経験を拡くせよ／問題構成資料の蒐集
③学校の設備
発見的教法／構造は知らなくとも時計は使へる／実験室的教法
④具体から抽象へ
具体化すべき事柄／整理の具体化／分数の具体化／小数の具体化／事実問題の具体化
⑤予備的教授
意味と必要／諸等数の予備／求積の予備／分数と小数の予備／整数計算の予備／視暗算と聴暗算
⑥小さく循環的に
もっと小さく循環して／事実問題提出の注意／加減と乗除とは夫々併進したい／補加法による減法／事実問題も循環して
⑦代数的取扱ひ
代数的取扱ひの必要／基本となる方程式／複合関係の方程式／未知数の項が二つ以上ある場合
⑧グラフの教授

比較を示す表図／表図の必要／変動を示す表図／関係を示すグラフ／小学校に於けるグラフの必要／小学校で取扱ふ函数の種類／函数思想の養成に注意せよ／研究の為のグラフ

⑨空間の教授

数学の系統／空間観念の必要／我が国の算術の欠点／空間教授は却て時間に余裕を生ず／要目の一例／用具／空間教授の例題

⑩計算の指導

算式を作るまで／形式算練習の注意／計算の指導／簡便法

⑪問題の構成

等式から問題へ／算術の目的とその資料／児童の遭遇せる事実の問題

（26～158頁）

このように仲本は算術教育の課題と改善の方向を提起しています。あらためて11項目を読むと、「改造運動」の精神で算術教育改造に取り組もうとする姿勢が前面に出ているでしょう。

何よりも仲本の姿勢は、常に児童に向き合っているのです。どの項目の見出しを見てもこの姿勢は崩していません。

この点で仲本は、

・まず算術ありきではないのです。

これまでの日本の算術教育の特徴は、国定教科書の中身に表れていて、教科書の方針に従っていかに教えるかであって、この教え方に重点が置かれ過ぎていると仲本は捉えて、次のように書いています。

「国定教科書の教材は、論理的の順序に排列せられた場合が非常に多いのである。夫故に児童は何らの必要を感ずることなく、其の教材を学習して居る場合が極めて多いのである。」（２８頁）

この指摘は、仲本が改造精神から学んだことから生まれているといってもよいでしょう。つまり、仲本は、

・はじめに児童ありきの姿勢なのです。

この姿勢は改造精神そのものといってもよいでしょう。だから、仲本は、次のようなことが書けるのです。

「出来るだけ之（教材）を実際問題と関連し、児童をして其の学習動機を高め占める事である。」（２８頁　カッコ内は引用者補足）

また仲本は、改造精神を生かして、今までにない教材に目を向けています。項目で見ると⑦⑧⑨は端的な表れでしょう。

このうち⑦では、例えば、事実問題を扱う時に未知数 x を使うと事実が客体化されるという、４学年の事例を次のように挙げています。

「去年は学校に本が百八十五冊あったが、今年は二百七十三冊になった。幾冊増えたか。

この問題に就て考へて見ると、ふえた冊数を x 冊とすれば、二百七十三冊になった事実は、185 冊＋ x 冊＝ 273 冊の式であらわされる。（中略）斯くの如く、われわれが事実問題にあらはるる数量の関係を算式であらはさうとするときに、未知の数量をある文字 x で表はすとき、もっとも簡明に之を表はす事ができる問題が多くある。」（９１～９３頁）

この仲本の説明の根底には、「算術と代数の融合」という改造精神が位置づいているのです。というのも、事実問題を算術という範疇で扱うとすると、事実を表現するという過程を飛ばして計算術の減法に傾斜するでしょう。算術と代数の融合は、計算術を越えた数学の世界に入れるのです。

続いて⑧の「グラフの教授」は、改造精神に位置づく内容で、代数と幾何の融合で解析学へのステップなのです。詳しくは後述します。

⑨については補足します。仲本は、従来の算術には、三角形や四角形などが登場しても、求積に偏っての計量の扱いであって教材そのもの性質をテーマにしていないと、次のように書いています。

「我が国の小学校の算術は、従来数に関する取扱ひを主として、空間に関する性質の研究は殆ど省みなかったのである。面積の教授に於て平行四辺形とか三角形とかを扱ふのである。単に面積計算に止まって。是等の図形は如何なるものか、如何なる性質を有するものであるかについて、之を授ける人は極めてすくない。」（１２７頁）

こうした幾何の計量的扱いが算術に位置づいているのは、江戸時代からの伝統的な和算の流れを引きずっている*) こともあって、日本人の得意とする分野でもあり、計量幾何からの脱却がなかなかできないでいるのです**)。ここに仲本は着眼して脱却することを提起しています。そして幾何と算術、幾何と代数の融合を目論んでいるといえるでしょう。

＊）岡部進著『算聖関孝和の「三部抄」を読む』ヨーコ・インターナショナル刊２０１７年１２月１日４２～７０頁。関孝和「解見題之法」全乗第三、方錐など。

＊＊）第三期国定算術書第５学年児童用６０～６１頁

６　仲本三二が日々出合っている国定算術書

このように改造精神に魅せられている仲本三二も、日々教室で算術を学んでいる児童が３年生以上であれば国定算術書を学習の拠り所としている場面に出合っていたのです。

この国定算術書はどんな内容なのでしょうか。

そこで、仲本三二が著した当該書物が刊行された大正１１年（１９２２年）頃の国定算術書＊）に触《ふ》れておきましょう。

＊）本章では、海後宗臣編纂『日本教科書体系近代編第13巻算数（四）』講談社（昭和３７年５月３０日２３８～３７５頁）を使用しています。以下同様。

この時期の国定算術書は、「第三期」と呼ばれ、大正７年から年次ごとに学年発行されて、児童用は第三学年用から始まり、１、２年用は指導書だけです。したがって、

『尋常小学算術書第三学年児童用』（大正9年10月30日発行）が最初で、大正11年（1922年）は第六学年児童用が使用開始されたということになります。

次に、第三期国定算術書の第三学年から第六学年に共通する特徴として、次の5項目を挙げておきましょう。

①体裁は問題集形式

②目次・項目は算術用語

③分科主義（算術と代数、算術と幾何という融合はない）

④計算問題から応用問題へ（初めに計算あり！）

⑤暗算から筆算へ（そろばん使用は不明）

ここで補足しておかなければならないのは⑤です。1、2年次の計算の仕方は、そろばん計算を背景とする暗算です。

そこで第一学年教師用をみると、「I加法及ビ減法」の「注意」で、次のように書いてあります。（原文片仮名）

「此の授け方は次の如き順に進むべし。

1実物に就きて数ふること。

2実物を離れて数ふること。

実物は、初は小石、毬、計数器、手の指等を用ひ、次に黒板に書きたる円、線、又は簡単なる図形を用ふるべし。（以下、略）*）」

*）海後宗臣編纂『日本教科書体系近代編第１３巻算数（四）』２３９頁

この「注意」から、実物を使って計算結果を出すというのです。「足す」「引く」の声と共に結果を出すのです。

けれども、計算過程と結果の表現が必要ですから、例えば、一年次の加減では、

2＋3＝5
12＋4＝16
18－4＝14

など、２年次の乗除では、

5×6＝30
18÷2＝9

などの記号表現が暗唱の言葉表現の記号化として教育内容に位置づいています。

実は、これらの記号表現は日本の江戸時代から続いている「和算」には存在していませんから、これらの記号表現は筆算表現といってもよいのです。

ところが、そうではないことが後述するようにわかります。

そして3年次から、新しい計算仕方と表現として、例えば次のような計算式が登場します。

$$\begin{array}{r} 135 \\ +\ 123 \\ \hline 258 \end{array}$$

この計算式での計算は、一位の二つの数5と3を足《た》して8と計算して次の十位の二つの数の足し算へ移るという過程をたどるのです。

この計算式と計算の仕方は、欧米から輸入されて、明治5年の学制布達時の「小学教則」に「洋法算術」あるいは「算術洋法」*)と呼称されている流れであって、日本の伝統的な数学の計算の仕方表現ではありません。

*) 前出　岡部進著『「洋算」摂取時代を見つめる』86〜90頁

そこでこの計算式を呼称するために新しい算術用語として「筆算」を使っているのです。したがって、1、2年次の計算は「筆算」ではないので「暗算」としたのです。

こうして3年次から暗算と筆算が同時に出てきます。この点で、

・筆算は暗算に対する表現

なのです。

7　仲本三二の算術教育実践事例

当時の国定算術書を仲本は、改造精神の視点で徹底的に研究したことでしょう。これが第三章「教授の実際」（159～462頁）で、小学校各学年及び高等科の指導内容を提起して、約300頁です。

第三章の内容は、仲本にとって今までの算術研究の集大成であるといってもよいでしょう。ここでは、全部について説明することはできないので、仲本の算術研究の特徴を示す二つの事例を紹介します。

実践事例①　動機付けの重視

第三章の「授業の実際」を読むと仲本は、実際に目の前で使っている国定算術書の内容に沿いながら自分の実践を書いています。このことは記述の過程に教科書の頁を示していることからもわかります。この点で実践事例には、第三期国定算術書の中身がかかわってきているのです。

そこで、第一、二学年の児童用が発行されていませんから、第三学年児童用の中身を見ましょう。

この教科書の最初の頁は「はじめに計算問題ありき」で「暗算」です。そして暗唱することで計算結果が定着することを目指すようになっています。この傾向は次の学年でも同様です。

いまあらためて当時の四則計算の教科書に出合うと、「なぜこのような暗算暗唱をするの？」と疑問に持つ児童の声を想像してしまうのです。そしてこうした声に応える箇所が教科書にないことにも気付かされます。

しかも、この暗算から筆算に進むという指導過程は改訂が進んでもそのまま継続されましたから、教師にとってこの指導過程は当たり前で疑問の余地はなかったのでしょう。つまり、この指導過程は常識でしたから、疑問に持つこともなかったのでしょう。

しかし、仲本は改造精神を学びましたから疑問の声を上げて、その解決の仕方を次の①〜④ように書いているのです。番号は筆者。

「①児童に其の物の数を知りたい、といふ動機を起こさす為めには、是非共児童が実際生活上遭遇する問題から出発せねばならない。

②殊に児童の利害に関するものであるとよい。…兄さんが貰ったのと自分が貰ったのと比較してみる、…学校に参ると、遊戯の勝負が其の利害を感ずる第一の物だろう。

③児童をして数へ事の動機を起こすには、相当の準備が必要であり、相当の時間が

かかる…。

④注意さへすれば如何なる時間に於てもよい問題を作って出すことができるのである。「Aさん花の写生をしましたね。幾つ花を書きましたか。Bさんも花の写生ですね。幾つですか。Aさんとどちらが多いですか。花を十書いてもらひませう。Aさんはもう幾つ書けばよいですか。Bさんは…」といふ調子にやっていくならば、野外への写生に出たときでも、充分算術の教授ができる」（以上、１６６～１６９頁）

こうした提案をしています。これらの「動機づけ」は、今では当たり前の提案ですが、当時は新鮮であったに違いありません。

引用文①は、計算する必要がある場面を作りましょうということです。しかも場面づくりには児童の生活している直接の場面を生かそうというのです。

引用文②は、その事例です。単に教師が日常とかかわりがない事例を黒板に書くだけではいけないということなのです。指導書に記載されているような鉛筆やボールの絵を黒板に描いても動機づけにならないことを間接的に言っているのでしょう。

引用文③にかかわって、つまり、児童の生活現実から計算を抽出しようというのが仲本の主張でしょう。

この主張の視点で計算の場面を見つめると、場面は四六時中にどこにでも存在するという訳です。
引用文④は、この事例として郊外写生の場面を挙げています。

実践事例②「グラフ」の位置付け

仲本は、改造運動から「グラフ」指導の大事さを学んでいますから第三章の「授業の実際」には欠かせない事例として記述されているに違いないと筆者は思いこんでいましたが、すでに第二章で扱っているので重複を避けていました、そこで、第二章の「第八節グラフの教授」に目を向けることにしましょう。

「第八節グラフの教授」には次のような小見出しの項目があります。番号は原著書。

「一比較を示す表図／二表図の必要／三変動を示す表図／四関係を示すグラフ／五小学校に於けるグラフの必要／六小学校で取扱ふ函数の種類／七函数思想の養成に注意せよ／八研究のためのグラフ」（194～123頁）

この8個の小見出しを見ると仲本の「表図」を含めての「グラフ」観が出ているのです。
第一は、「表図」と「グラフ」を区別していることです。
ここで仲本のいう「表図」とは、

「比較すべき数量を直線の長さや、簡単な円の面積によって表すこと」（104頁）（であって）、「各国の人口を示す為めに人口の総和を一つの円であらはし、其の部分である各国の人口を、円の部分である扇形の面積に比例する様に…」（105頁）などを指しています。

これに対して「変動を示す表図」を仲本は「グラフ」と呼称しています。このことを説明するために仲本は、「ある学級の児童出席数が次の表の如くであった（表、省略）」（110頁）と、13日間の日々の出席人数表を作っています。

そして仲本は次のように書いています。

「方眼紙を用ひて之を図に表はすと次頁（図省略）の通りになる。図の如き数を表はす点を結び付けた線をグラフといふ」（110頁）

ここにグラフと方眼紙が結びついて登場していることにも注目したいのです。

第二は、「関係を示すグラフ」にまで言及していることです。当時、グラフとはなにかということで珍しい対象・事柄であったのでしょう。この状態を知ってのことで

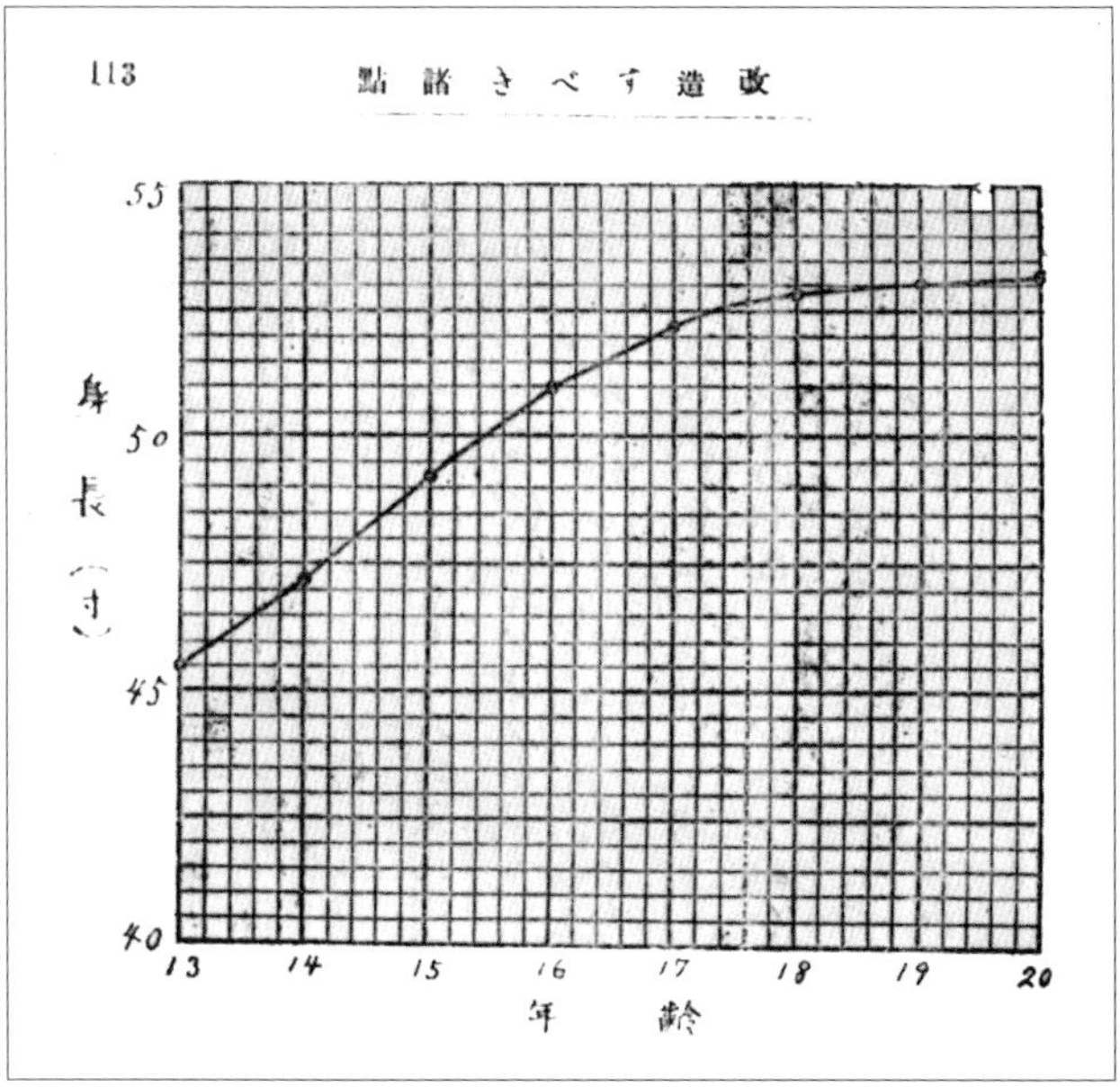

図１　仲本三二の作成したグラフ　　113 頁

しょうが、図1のような図を提示して、「グラフ」の説明をしているのです。

「まず方眼紙に直角に交はる二直線（水平と鉛直との二直線）を取り、其の一つ例へば水平線上に二直線の交点（之を原点といふ）から等距離に点を求め、其の各点を以て中学生の各年齢を順次にあらわし、次にこれに垂直の方向の直線上に、其の身長を表すべきスケールを記しおき、そして各年齢を示せる各点から鉛直に、上の方にその年齢に相当する身長だけ、のぼった所に点をうつ。次に是等の各点を滑らかな曲線で結び付けると、ここに年齢と身長との関係を表はすグラフが出来るのである。（図1参照）（113〜114頁）

このように仲本は「グラフ」という用語を「表図」と区別し、方眼紙に「関係を示すグラフ」の描き方まで説明しています。それだけでなく仲本は、次のようにグラフづくりを勧めています。番号は引用者。

「①その作り方が非常に簡便であるから、之を第五学年の初めから扱ふとよい。そして其の最初は児童の実生活に関係が深いものから始めるのである。

②例へば前に示した其の学級の毎日の児童出席数であるとか、其の教室に於ていつ

も昼食時に測定した温度…」（110～111）

これ等①②から「グラフ」の指導は、どうあるべきかを示しているでしょう。このとき念頭にあったのは国定算術書の扱いでしょう。

第三期国定算術科書の「表図」と「グラフ」

そこで第三期国定算術書を開いてみると、「表図」と「グラフ」に関する問題は第五学年児童書で初めて2問が登場しています。これが図2、図3です。

ここで、図2、図3のそれぞれの問題文を列挙すると、次の①②です。（原文片仮名）

問題文①「右の図は大正6年に我が国で取れた米を線の長さで表したものである。皆で何石か。」（7頁）

問題文②「右の図は東京の月月の平均温度の図である。最も寒い月は何月か。一年中の平均温度は何度か」（81頁）

まず問題文①では、お米にかかわる問題です。縦軸に石《こく》（注：米の体積単位1石＝千合）が目盛られ、横軸に等間隔に「内地」、「朝鮮」、「台湾」が記されているという柱状図です。これは加法の問題ですけれど、単に長短がある三本の縦棒の長さを加えるという計算問題にしてよいのだろうかと、仲本は疑問視し、「表図」指導（仲本の表現）の前提にこだわっていたのでしょう。

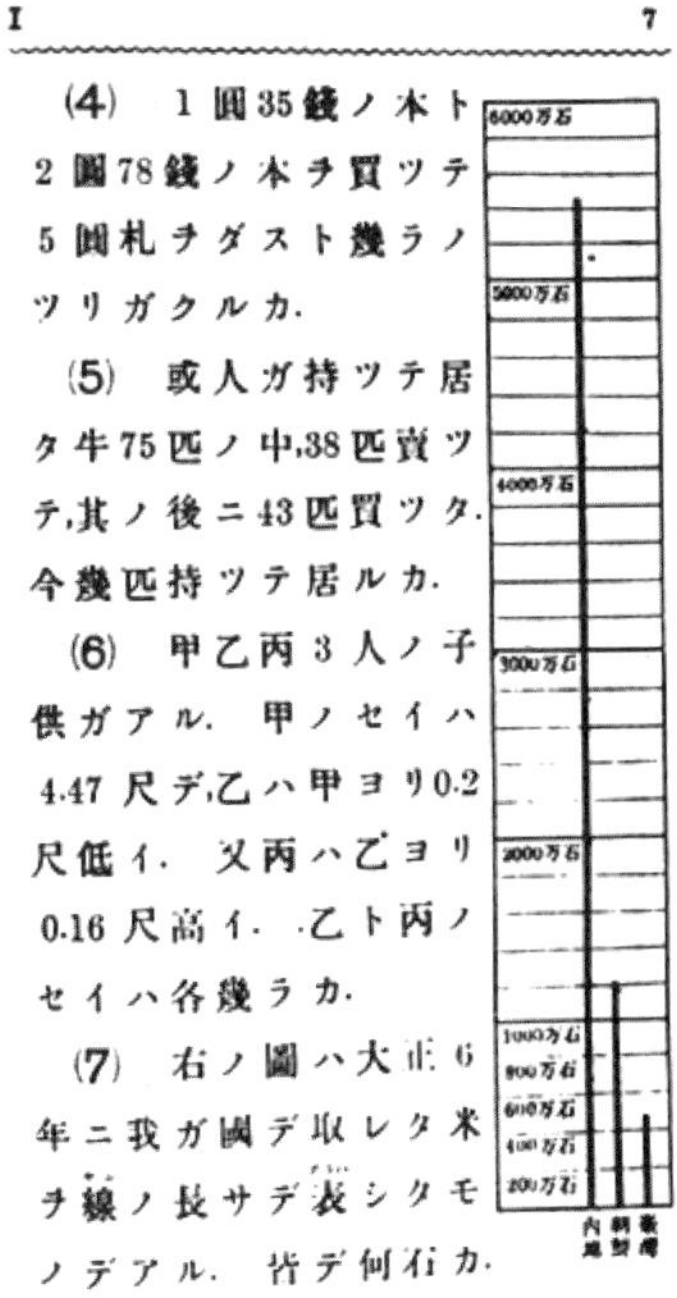

図２「表図」例。
出典：第三期国定算術書児童用５学年　７頁

次に問題文②は、東京の年度不明の月別平均気温です。縦軸には温度表記で０度から３０度が５度単位で目盛られています。補助線は１度単位。横軸は１月、２月のように１２月まで目盛られています。この画面に山なりの折れ線が描かれています。問題設問から、折れ線を読むことが必要ですから、グラフ指導が必要でしょう。
このような教科書の扱いであるにせよ、これら二問が教科書に登場していることは、改造運動の声が文部省に届きつつあることがわかります。けれども、素材は児童の関心事に繋《つな》がっているでしょうか。ここに仲本の目が向くのです。

III　　81

(13) 右ノ圖ハ東京ノ月月ノ平均温度ノ圖デアル. 最モ寒イ月ハ何月カ. 一年中ノ平均温度ハ何度カ.

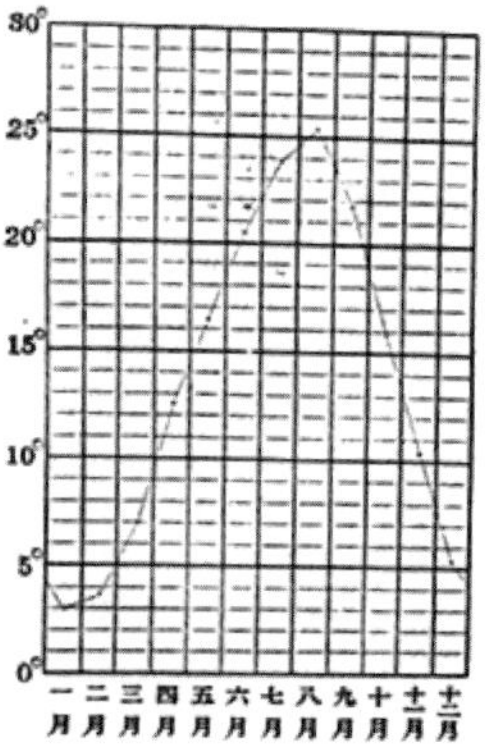

(14) 東京デ雨ガ最モ多ク降ル月ハ九月デ,其ノ月中ニ降ル雨ヲタメテ置クト 222粍ノ深サニナル. 222粍ハ何寸何分何厘カ.

(15) 上ノ問題《ダイ》ニヨルト東京デ九月中ニ降ル雨ハ1坪ニ何石何斗何升何合カ.

図3 「グラフ」例
出典：第三期国定算術書児童用5学年
81頁

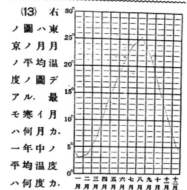

こうして国定算術書第5学年児童用の「表図」や「グラフ」の扱い方を直接に見て仲本には動機づけが課題として浮上してくるのです。

仲本は、「グラフ」指導では児童の生活に密着した事例を教材として活用することの大事さを提起したかったのでしょう。これが前掲引用文①②としてまとめたに違いありません。

さらに、前述「⑧グラフの教授」のうちの「研究の為のグラフ」の項では、仲本は次のように①～⑤の事例をあげています。番号は引用者。

「①科学の研究の多くは実験観察を基礎として、これより帰納して法則に達するのである。

②而して二つの数量間の関係はこれをグラフに表す事によって、直観的に明瞭に表はさるるのであるから、グラフは我々の研究には欠くことができないものであると云へる。

③（百姓の例を出して）グラフによって研究する態度を作らねば、百姓としては少し物足らなく感ずる。而してかかる態度を作るには、実験実測と結び付けてグラフを作らせることが最も良い方法である。

④一寸水瓶に水を入れるにしても、之に入れた水の量と深さの関係を表すグラフに

作らせる。

⑤また理科の実験と結びつけて、水をフラスコに入れて熱するとき、経過した時間と水の温度との関係を、グラフで表はさしめるなど。」（１２１〜１２３頁）

これらの引用文①〜⑤で共通していることは、

・実験観察
・実験実測
・(データを）作るという作業

を重視していることでしょう。

言い換えれば仲本は日常の生活現実で見えない現象をみえるようにするには「グラフ」を作ることが重要であって、与えられている「グラフ」を読むだけではグラフ指導にならないということでしょう。こうした観点から仲本は、グラフづくりの事例リストを２０個も提供しています。

このように国定算術書児童用の第五学年にわずかに登場している「表図」と「グラフ」について仲本は、自信をもって内容の充実を目指しました。もちろん、自信の背景には改造運動の精神が重く位置づいていることは言うまでもないでしょう。

現行学習指導要領算数編から

ここで平成２９年（２０１７年）告示の現行の学習指導要領に目を転じて、
・「小学校算数科の内容の構成」
を見ましょう。
この中の「C変化と関係」を見ると、
・関数及び関数のグラフという用語は登場していない
ことに気付きます。
さらに、「Dデータの活用」を見ると、
・「表図」と「グラフ」の区別がなされていない
のです。
たとえば、
・「棒グラフ」（第３学年）
・「円グラフ」（第４学年）
・「帯グラフ」（第４学年）
などが登場しています*)。
けれども仲本の区分では、
・「表図」に入る

でしょう。これらの点は検討の余地がありそうです。

＊）『小学校学習指導要領（平成２９年告示）解説算数編）』文部省　平成２９年７月　１２頁

おわりに

本章で扱った仲本三二は、大正時代に小学校教師として現場に立ち、日々の授業づくりに腐心する中で、世界的な中等教育数学改造運動に出合います。この改造運動は中等教育数学にかかわる内容でした。

ところが世界の動向に足並みを揃えるように日本でも中等教育数学の改造が進む現実を実際に見ているうちに小学校算術も改造しなければならないと気付きます。独学で改造精神の何たるかを理解して、算術教育改造の声を上げます。

本章では仲本は、

・はたして改造精神をどのように理解していたのか、

・また改造精神をどのように現場に活かそうしたか

など、二点について論及しました。

仲本は、

・改造精神を理解し、

この精神を生かすように、

・小学校算術の改造に独自性をもって適用しました。

ここでの独自性という言葉を使っているのは、改造精神が中等教育数学にかかわっている中での算術教育改造であるからであって、新たな独自の視点に替えて算術の改造をしなければならなかったということです。

この独自の提言は今でも生きているでしょう。

引用文献（頁数は各書物の巻末頁を指す）

1　文部省著作権、ベーレンドゼン・ゲッチン共著、森外三郎訳『新主義数学』上巻下巻　株式会社国定教科書共同販売所発行所　1915年2月20日発行　上巻397頁　下巻未見

2　フェリックス・クライン著、林鶴一・竹邊松衛共訳『独逸ニ於ケル数学教育』大日本図書株式会社発行　1921年2月11日発行　319頁　原著1907年発行

3　ジョン・ペリー著、新宮恒次郎訳注『ペリー初等実用数学』山海堂出版部刊　1930年5月4日発行　465頁　原著は1913年。

4　海後宗臣編纂『日本教科書体系近代編第13巻算数（四）』講談社　1962年5月30日715＋16頁

5　仲本三二著『実験新主義算術教授』中文館書店　大正11年3月5日発行　495頁
6　小倉金之助補訳『カジョリ初等数学史』共立出版　1997年6月12日　495頁
7　小倉金之助著『一数学者の肖像』現代教養文庫　社会思想史研究会出版部刊　1956年193頁
8　岡部進著『「洋算」摂取の時代を見つめる』ヨーコ・インターナショナル刊　2008年3月20日　285頁
9　『小学校学習指導要領（平成29年告示）解説算数編）』文部省　平成29年7月　400頁

第三章

教科書にみる終戦直後の新制高校の数学

——歴史と実用の扱い方に示唆あり

1　はじめに

昭和20年（1945年）8月15日に世界的な戦争は日本の敗戦で終結しました。この日から日本は連合国軍（主にアメリカ軍）の占領統治下に置かれました。アメリカの戦争処理政策の下に教育制度も改革されていきました。

学校制度は、改革で6・3・3制度の単線型に代わり、6年制の小学校に続いて、新しく3年制の中学校が生まれ、戦前からの中学校や高等女学校などは3年制の新制高等学校への形式的編入になりました。

こうした制度改革から、戦前の中等教育の内容の多くは新制高等学校に引き継がれ、一部分は新制中学校に回りました。

こうしたいきさつからして中等教育数学の内容は、世界的な数学教育改造運動（以下、改造運動）の影響で生まれた改造実践が遺産という名のもとに戦後に引き継がれて残っているに違いありません。

なかでも教科書づくりでは、「はじめに数学ありき」から「はじめに生徒ありき」に視点が変わっているはずです。

さらに、「改造運動」で強調されていた分科・融合、実験・実測、実用・応用、「函数」概念重視、「グラフ」導入、対数計算、幾何の改造などの改造精神は、多分、生かされているでしょう。この検証が必要です。

一方、戦前からの教科科目や内容は、アメリカ占領軍の教育改革方針で取捨選択され、内容が黒塗りの部分もあるという教科書が登場しているなどささやかれました。なかでも小学校のカリキュラム構成では算数の単元名が数学用語でなく、生活にかかわる言葉になっているとか、算数・数学は生活と一体の内容を目指したという指摘もあります。こうした経緯から、この頃の小学校算数教育は「生活単元学習」と呼ぶようになりました。この教育は、十分に浸透しないまま、学力低下という声*）の下に頓挫します。

*）久保瞬一著『算数学力　学力低下と損実験』東京大学出版会１９５２年３月３０日

では、新制高校の科目や内容も、生活単元学習といわれるようになっていったのでしょうか。そこで、これらの課題を検証するために昭和２７年（１９５２年）頃の教科書を概観します。

２　昭和２７年（１９５２年）頃の新制高校を取り囲む実態

（１）国内世情

昭和２７年（１９５２年）頃の日本は、現在のテレビドラマでも話題になったことがあったように、今でも想像すらできないほどに、ひどく貧しかった。

しかし貧しい日本から立ち直れるように人々は懸命に働きました。爆撃にあってまだ傷跡が残っている所に簡易住宅を建てるとか、空き地があれば穀物や野菜を育てるとか、古着であっても着られるように手作りするなど、あの手この手で衣食住に困窮する状態からの脱出を目指しました。

一方、この頃の政情は安定していませんでした。2年前の昭和25年（1950年）6月25日に勃発した朝鮮半島南北戦争は、攻防の様子が宅配日刊新聞に凸凹記号で描かれて紹介されていました。

怪我をしたアメリカ兵や死亡した兵士の棺が横浜港に運び込まれて本国に送還られるという事実もありました。日本はこの戦争に巻き込まれていました。

ようやく昭和28年（1953年）7月27日に休戦となりましたが、しかしこの戦争を通して米ソ冷戦が表面化し、さらに毛沢東がトップの中国共産党政権が北朝鮮に義勇軍を送り込んだこともあって、資本主義対共産主義という政治体制的な対立構図が垣間見られました。国内では労働環境改善をめぐって労使対立のトップ会談も行われるなど、内外に政情不安が続きました。

（2）高校進学と卒業後進路

この頃、昭和27年（1952年）の新制高校は、制度発足から3年目で旧制中学校在籍者はそのまま残ることもあって戦前からの継続も見られました。

このような新旧制度の混在した新制高校の実態はどのような状況になっていたのでしょうか。

政府統計の「学校基本調査」によると、

・昭和２５～２８年間の高校進学率は、男子４８～５５％、女子３７～４７％、
　併せて４３～５２％

という状況でした。

また、戦前の反省から、

・単線型を目指している

ということもあって、

・大多数（昭和３０年７割）の生徒は普通科へ進学するのでした。

卒業すると、就職するもの、４年制大学や２～３年の短期大学、専門学校へ進学するものなど様々でした。

さらに、昭和２５年から２９年にかけての進路状況は、学校基本調査によると、次の通りです。

・就職者は、男子が４８～５５％、女子が３６～４１％、合計で４５～５０％
・大学及び短大進学者は、男子が２０～３５％、女子が１３～１７％、合計で１９

〜30％

また、4年制大学進学者は、昭和29年〜昭和38年までの期間で見ると、

・男子は13.3〜19.8％、女子は2.3〜3.9％、合計8〜12％（過年度卒業生も含む）

という状態です。

筆者は、昭和26年4月に新制高校に入学しましたが、当時を振り返ってみると校舎は旧制中学校時代に使われていた建物がそのまま活かされ、先生方も旧制中学時代の綽名《あだな》が通用していました。この頃の旧制中学校は新制高校に移行している形態でありました。

（3）新制高校の教育目標

このように昭和27年頃の新制高校の教育目標は、高校進学率や卒業後の進路などのデータを見ると、

・大学・短大などへの進学者向けの学力保障

・義務教育資質の拡充

・幅広い生活素養

などという、

・教養ある社会人を育てる

ことでした。

ここで「社会人」という用語を使いましたが、生活者、商店経営者、労働者、サラリーマンなどに言い換えてもよいでしょう。

もちろん、旧制中学在籍者は当時の教育方針が中堅管理職者を育てることになっていましたので、

・社会的なリーダーとしての資質を育てる

ことが要請されていました。けれども、その後の昭和４０年代になると、高校進学率が大幅に上昇している事を加味すると、この縛りは外《はず》されているといえるのかもしれません。

（４）新制高校数学の目標

高校に入学してくる生徒の過去と未来を考える時、教科数学の教育目標は、受験用数学オンリーという訳にはいかないのでした。というのも、在籍生徒の半分程度は、卒業すると社会人として様々な分野で働くのですから、こうした生徒を無視するわけにはいかない。

このように複雑な将来進路が想定される中で教科数学の教育目標を定めることは、進学や就職を問わず共通の目標ということになります。

この共通目標は、端的な言葉で集約すると、
・社会人として必要な数学
でしょう。さらに、生活とのかかわりを強調するなら、
・生活者として必要な数学
ということになります。
このような数学を、筆者は以前から、「日常性の数学」と呼称してきました*)。最近では「生活数学」と言い換えています。もちろん、「生活」という言葉を避けたいというのであれば、「ミニマムエッセンシャル数学」或いは「ベーシック数学」と呼称してもよいのです。

*) 岡部進著『日常性の数学にめざめて』教育研究社1981年4月1日発行

では、社会人（生活者）として生きるとは、どのような状態を指すのでしょうか。いうまでもなく社会人として生きることは、他者（両親、家族なども含めて）から独立して日々の生活を営んでいく事です。このためには日々の衣食住を獲得しなければなりません。このためには衣食住にかかわる知識が必要です。この知識にかかわっている一部分に高校数学は位置づけることが出来るでしょう。

（5）新制高校数学教科書の役割

では、昭和27年（1952年）頃の新制高校の数学教科書はどのような役割を担っていたのでしょうか。

さきに触れたように、教科数学の教育目標は「社会人（生活者）として生きていくための数学」を育むことでした。すなわち、数学の内容は、進学者向けの学力保障、義務教育資質の拡充、幅広い生活素養などを身につけることを意図しています。したがって数学教科書は、社会人（生活者）として生きていくための数学を教育目標とするのですから、次のような内容になるでしょう。

①義務教育の数学科内容を踏まえ、発展させるとともに新しい内容を加えることで生活知識の深化をはかる

②数学の実用・応用への道を拓くことで社会的活動へつなげる

このように捉えてみるとき、昭和27年（1952年）頃の数学教科書は、はたして目標①②を達成しているのでしょうか。

3　昭和27年（1952年）頃の新制高校数学教科書の概観

昭和27年（1952年）頃の新制高校教科書は、国定ではありませんから、私的出版社が発行していました。この中でいま手元には、次の教科書があります。

「末綱恕一・菅原正巳共著『解析Ⅰ』大日本図書株式会社1952年2月1日発行」

そこでこの教科書を概観することにします。この教科書は二人だけで執筆していま す。この点で大変に珍しいのかもしれません。奥付の著者略歴を引用すると、次の通りです。

・末綱恕一、数学者、東京大学教授
・菅原正巳、文部省数理統計研究所員

著者の二人は、教師として高校数学の現場を経験しているか不明ですが、なんらかのかかわりがあって教科書を執筆することになったに違いありません。

(1) 教科書概観

教科書の目次を見ると、次のようになっています。

単元1　文明の進歩と数学の発展
単元2　比例と一次式
単元3　簡単な函数
単元4　数式の計算

単元５　連立一次方程式
単元６　二次方程式
単元７　式と図形
単元８　対数

この単元名を見て、どんな感想を持ちますか。この教科書を使用して数学を学ぶ生徒を想像してみましょう。

単元構成の特徴は二つ

この単元構成を見て筆者は、新たな発見をしました。発見は次の二つです。

第一は、単元１で数学史が登場していることで、数学を学ばなければならない必然を数学史から導こうとしていることです。

この姿勢は著者の高校数学観の表れでもあり、数学が人々の生活から生まれてきているという事実を過去の長い歴史をたどりながら示そうとしています。

第二は、単元構成が分科主義と融合主義が混在していることです。

・単元２、３は「函数」で、代数と幾何の融合（解析分野）
・単元４、５、６は代数と解析の融合
・単元７は代数と幾何の融合（解析幾何分野）

第三は、単元8「対数」の位置づけです。この位置づけの意図は、この単元の各章各節の表題を見るとわかります。（詳しくは後述（3）で扱います。）

（2）単元1の数学史の扱い方

義務教育を終えた段階での数学の範囲で数学史を扱うというのは、地域、年代、数学分野が限定されます。

こうしたことを念頭において、あえて教科書の最初の単元に数学史を位置づけようとしたのには共著者の時代性認識が深くかかわっています。この時代性認識とはなにかを念頭に単元1の章と節の表題の構成を見てみましょう。

第1章　古代の数学　1．数学の起源　2．東方諸国の数学　3．ギリシャの数学
第2章　近世の数学　1．インドとアラビアの数学　2．近世の数学

これらの表題を見ると、二つの章で扱っている数学史は、

・古代と近世

ですから、17世紀はじめ頃迄です。したがって、これらの章で扱う内容の重点は、次の二つに絞られます。

①数字の生い立ちから数の計算
②形の成り立ちと性質の抽出

これらは数学の生い立ちを知る上で出発点になる内容です。

すなわち、①の歴史では、

・「数学の起源」
・「東方諸国の数学」
・「インドとアラビアの数学」

などが位置づきます。

また②の歴史では、

・「ギリシャの数学」

が位置づく。

さらに細《こま》かくいえば、①では、

・古代バビロニアでの楔《くさび》形の数表現
・エジプトでの象形《しょうけい》（絵文字）の数表現

などです。

・数表現を独自に発明し
・独自の数学を作り出している

ということを知ることができます。

そして、

・数学は生活から生まれている
ことが自明のように意識されます。また、
・インドとアラビアでの数表現（記数法）は算用数字の起源
であって、そこには、
・ゼロの発見
がかかわっているという歴史を知ることもできます。自分にとって遠い過去そして遠
い外国でありながらも知的関心には隔りがないことにも気付かされるでしょう。
一方、②の「ギリシャの数学」は、
・単に「形の成り立ちから性質の抽出」
だけでなく、
・諸性質の構成手続きとしての論証（論理形式）
をうみだし、
・学問形成のひな型を示している
という点でも紹介することは必要です。
このように〈黎明期の数学〉をあえて単元1の最初の章に位置付けるという著者の
姿勢は、
・なぜ数学を学ぶかという問いかけの解答である

のです。この点を共著者は、次のように書いています。

「このように社会生活における必要に迫られて発生した計算技術や幾何学的知識が、やがて集大成されて、数学に組織されたのである。」（2頁）

この引用文は格調が高く、例えば「幾何学的知識」という表現は高校1年生には難しい。とはいえ、数学は「社会生活における必要に迫られて発生した」という文言は生徒に重く響いたに違いありません。

また一方、数学発生の事実を〈黎明期の数学〉に求めて、教科書の先頭の単元の最初の章に位置づけようとして実行した共著者の行動力は、当時の教育状況での時代性が後押しをしました。というのもこの時代は、教育が人格形成の主要な知的側面を担い、その知的側面の一端に数学が位置づくという人々の数学観があったからかもしれないからです。

そうであるとしたら、少し欲張りかもしれませんが、中国や日本の数学史が登場してもよかった。

（3）単元8の「対数」の内容をめぐって

この教科書の時代性をあげるとすると、単元8の「対数」もその一つです。対数の扱われ方を各章各節の表題で見ると、次のようになっています。

第1章　指数と対数　1．指数法則　2．対数

第2章　対数計算　1．常用対数　2．対数計算　3．計算尺

第3章　図表計算　1．グラフと函数尺　2．共線図表

これら各章各節の目次からの単元8で扱う「対数」は、

・常用対数とは

・常用対数を数値計算に利用する

という視点です。ここには、

・数学を日常に生かす

という意図もあり、

・数学の実用・応用を重視

するという扱い方です。この扱い方は、

・20世紀初頭の世界的な数学教育改造運動（略して改造運動、本書第1章参照）の改造精神に根ざしているでしょう。

対数の扱い方

繰り返しますが、単元8で扱う「対数」は、

・常用対数

です。この扱い方は、

・数値計算としての常用対数

ですから、

・実用性を重視する

という扱い方です。しかしその後、学習指導要領の改訂で、

・対数関数 $y = \log_a x$ $(a>0, a \neq 1)$

が前面に登場します。しかも対数関数は、

・指数関数 $y = a^x$ $(a>0, a \neq 1)$ の逆関数として位置付けられ（ここでの逆関数とは y と x を入れ替えることで、$x=a^y$ だから、$y=\log_a x$)

・常用対数の存在も重要性も見えにくくなり

・数値計算としての常用対数という視点も消滅していく

ことになります。そして、

・数値計算としての常用対数は学校数学から消えていく

と共に、当然のように、

・対数の実用性も強調されない

という扱いになります。

こうしたことから、単元8の第3章の内容はすべて高校数学から消えたのです。

数値計算としての対数は復活するか

けれども現在、スマホやパソコンの時代になって〈数値計算としての常用対数〉を使う分野が大きく広がり、単元8の第3章の部分的復活は急務になりつつあります。しかし現行の高等学校学習指導要領数学編を見ても、数値計算としての対数を扱うという視点は見えません。

この点で、単元8は、昭和27年（1952年）という時代の産物であるけれど、それだけでなく、戦前から叫ばれ続けてきた「実用数学」の遺産と言えるでしょう。

もちろん、第2章に登場している「計算尺」（章末参照）などの内容は、計算機の発達で今では生産もされていませんから全くの遺産にすぎませんが、計算尺を計算機の仕組みの一つとしてとらえる視点は今も生きています。

いずれにしても、数値計算としての常用対数は、時代を越えて有用な存在であり続けるでしょう。

計算機の存在

ここで計算機のことに触れておきます。かつて昭和時代まで、日本では多くの人にとって計算機といえばソロバンでした。ソロバンは、桁数に関係なく四則計算が自由にできて、土木・建築界、産業・経済界をはじめ、巷の小売店などでも欠かせない計算の道具でした。もちろん、数学することも可能でした。

しかし、明治政府が明治5年（1872年）の学制布達で西洋育ちの数学（洋算）を学校教育に正式に採用します。この時から、ソロバンを使わない計算（筆算）が常識化していきます。けれども人々は生活慣習としてソロバンを使っていました。昭和時代が終わる（1988年）前後から、電子式卓上計算機（電卓）が普及するにつれてソロバンは職場などから消滅したと言っていいでしょう。

一方、ヨーロッパの人々はもともとソロバンを使う習慣がないので筆算です。当然のように桁数の大きい数値や微小な数値の四則計算などは面倒ですから簡便にする仕方に関心が集まります。

こうした数値計算の簡略化や簡便化を目指す数学史の流れで生まれたのが「対数」という発想です、先駆者はスコットランド生まれのネイピア（J. Napier　1550～1617）で、17世紀初期（日本では江戸時代初期）のことです。この後、改良されて今日のようになりました*)。

*) フロリアン・カジョリ著小倉金之助補訳『カジョリ初等数学史』共立出版1997年6月

１２日発行　２２１～２３２頁

ネイピアの「対数」とは

では、ネイピアの「対数」という発想について簡単な例で説明します。

次のように２個の数の積（掛け算）があるとします。

1000 × 100 ＝ 100000

これらをゼロの個数で見ると、３＋２＝５となります。

また次の二個の商（割り算）では、

1000 ÷ 100=10

からゼロの個数で見ると、３－２＝１です。

これらの見方は、

・乗除は加減になる

という見方に転換します。

この見方は、ネイピアが発想したと言われています。教科書では単元８の最初の頁に預貯金の複利計算例をもとにネイピアの発想を紹介しています。

しかし、ネイピアの生きていた頃は、1000 ＝ 10^3 のように指数３を使って数を表すという指数表現が発達していないことから、指数への関心というよりも、

・乗除から加減へ

の見方が深化・発展する道を拓きました。いまでは、

・対数記号を使って「指数3は10を底とした1000

の対数」

と表すという仕方もあって、次のように表現ができます。

$$3 = \log_{10}1000$$

また、

・「対数の性質」(注)

を使うことで、

$$\log_{10}(1000 \times 100) = \log_{10}1000 + \log_{10}100 = 3 + 2 = 5$$

という計算が可能になります。

このような〈数値計算としての常用対数〉に関わる諸々の計算を扱ったのが単元8の第1、2章です。

(4) 単元8の第1章の内容

次は、単元の最初に戻って第1章の内容です。表題は、

・「指数と対数」

(注)

> 対数の性質；M＞0、N＞0 の時に次のことが成り立つ。ただし、a＞0、a≠1
>
> ① $\log_a M + \log_a N = \log_a MN$
>
> ② $\log_a M - \log_a N = \log_a \frac{M}{N}$
>
> ③ $\log_a M^n = n\log_a M$
>
> ④ $\log_a B = \log_c B \div \log_c a$ ただし、c＞0、c≠1

で、第1節の表題は、

・「指数法則」（注）

です。そしてこの最初の頁の題材は、

・複利計算

とあって、少し意外に感じます。

導入段階で複利計算

当時としては複利計算の仕組も計算も簡単ではなく、この時代性を意識すると、この素材が最初に登場しているのは著者の英断でしょう。

・指数と対数は生活に不可欠

という意識が生徒から芽生えることを期待して、この意識化の最初が問1であり、その期待に応えるように生徒は次の計算をします。

設問　「元金A、年利率rで1年後、2年後、3年後の元利合計はそれぞれいくらか」

この設問の計算結果は次のようになります。

（注）指数法則　二つの実数a, b（何れも正数で1でない）において、指数m、nについて。次の性質が成り立つ。ただし、ここではm、nは整数。

① $a^m \cdot a^n = a^{m+n}$

② $a^m \div a^n = a^{m-n}$

③ $(ab)^m = a^m \cdot b^m$

④ $(a^m)^n = a^{mn}$

・1年後の元利合計は、　$A+A\times r=A(1+r)$

・2年後の元利合計は、元金が1年後の元利合計ですから、$A(1+r)^2$

・3年後の元利合計は、　$A(1+r)^3$

そして、問1の脇に複利表があります。この複利表は、元金1、年利率5％の複利での年次別元利合計の一覧表です。1年後から50年後までの結果が表になっていますが、50年分は銀行員には必要ですが、生徒にとっては不要です。

なぜこうした表が必要と考えたのか、その説明はありませんが、多分、当時ではこうした複利計算はだれもが自由にできるわけでもないので、興味を持ってもらうために必要であったに違いありません。これらが「指数から対数へ」のスタートと言っていいでしょう。しかし、問1には少し疑問があります。

「問1」は、章の導入段階ですから、数値を表す文字Aやrを使うのではなく、数値を使う方が計算はよりやり易く、特にせっかく添えた複利表の元金1、年利率5％の数値も生かすことができます。またその際に大事なことは、数値化するまで計算するのではなく、年数を使って表すことにする方がよかったでしょう。

ここで必要なのは、

$$1.05^n \quad (n=1,2,3)$$

ですから、

・指数表現を導入
することで、
・数表現の簡略化（ネピアの発想）
という視点が生きてきます。すなわち、
・十進構造への着目
・同じ数の掛け算
という場面に持っていくことです。

指数法則にふれる

次に教科書は、
・指数法則
を扱っています。この個所は、
・指数の数範囲を実数（注）まで広げていく
ことを目指します。

例えば、「$10^0, 10^{-2}, 10^{0.4}$ は数なのか、問うことができます。数であるとしたら、どんな数（値）になるのか問うこともできます。

（注）

数の分類

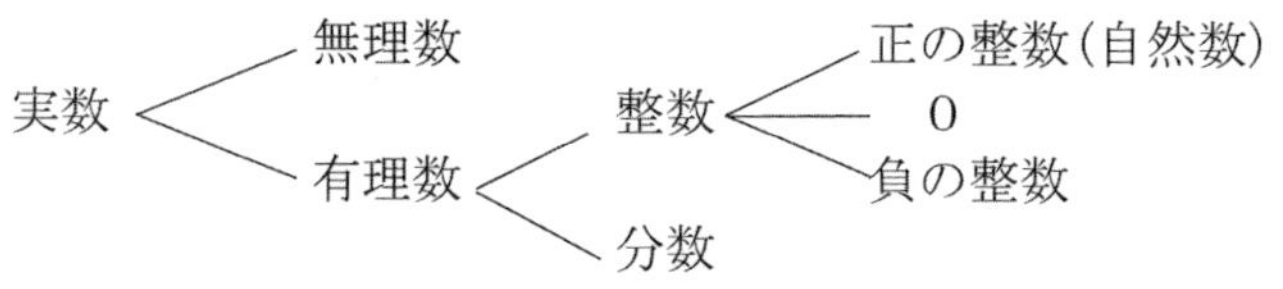

この問いかけに応えなければ先に進みません。すなわち、
・指数の数範囲を自然数から整数へそして有理数から実数へと広げます。その際に、
・有理数としての分数表現（b/a）に指数を広げることで、
・「累乗根」という記号が登場する（注）ことになります。
ここが生徒にとって難関で厚い壁です。この壁をいかに越えていけるかが、
・〈数値計算としての常用対数〉への課題ですが、教科書はこの壁を越えることができたのか、考察を続けます。

指数の拡張をめぐって筆者（岡部進）の手法

ここで横道にそれますが筆者は、この壁を越える手立てをしたことがあります。それは〈数値計算としての常用対数〉を目指すのですから、十進法の視点で指数をとらえるのです。

（注）累乗根について
（１）累乗根の定義
定義；ｎ乗してａとなる数で、$\sqrt[n]{a}$と表す。
（２）累乗根の性質
①$\sqrt[n]{a}=a^{\frac{1}{n}}$　②$\sqrt[n]{a^m}=a^{\frac{m}{n}}$　③$\sqrt[n]{a^m}=\sqrt[n]{a}^m$

指数は、

・〈整数から小数へそして分数へ〉

に広げることができます。この方が親しみを感じます。

たとえば、10^0, 10^1 をもとに、$10^{0.1}$, $10^{0.9}$ という数は存在するでしょうかと問いかけるのです。ここで、

・〈$10^{0.1}$ は１０乗して１０になる数〉

と定義しておきます。続いて、

$$10^{0.1} = x$$

として、xの値を探します。

先ず、１の１０乗は１で、$2^{10} = 1024$ ですから、次の不等式が得られます。

$$1 < x < 2$$

この不等式を満たす数 x は、

$$x = 1.1$$

であるかもしれません。そこで、1.1の１０乗を計算します。同じ数を繰り返す計算ですが、昭和２７年（１９５２年）頃は大変でした。今ではスマホ計算機でも簡単に、

$$1.1^{10} = 2.5937\ldots$$

が得られます。続いて、

$1.2^{10} = 9.1917\cdots$
$1.3^{10} = 13.7858\cdots$

が得られ、

$1.2 < x < 1.3$

となり、
・xの小数点以下第二位は2
と確定します。すなわち、

$x = 1.2\cdots$

が得られます。
もちろん、いまではスマホ計算機で、

$10^{0.1} = 1.2589\cdots$

が簡単に求められます。
しかし、この数値は、無限小数になるかも知れないが、
・数として存在
しています。この存在の事実が大事で、
・$10^{0.1}$は小数表現に数値化すると近似値表現にならざるを得ない
から、

・そのままの表現で〈数〉として扱う
と決めます。続いて、
・$10^{0.9}$と$10^{0.1}$とのかかわり
を問いかけます。
・$10^{0.9}$は$10^{0.1}$を9回かける事
・$10^{0.9}=(10^{0.1})^9$
ということになります。

さらに、$10^{0.01}$, $10^{0.001}$を扱います。かなり面倒でも掛け算の繰り返しで近似値を求めます。また、

$$10^{0.1}=(10^{0.01})^{10}$$

と定義して利用するのも可能です。

今ではスマホ計算機で、

$$10^{0.01}=1.0232\cdots$$

$$10^{0.001}=1.0023\cdots$$

が得られるので、それぞれを〈数〉として認めます。
こうして指数を小数にすることに慣れたところで、
・指数を分数表現に代える

・累乗根記号の採用（パソコンはこの記号が使えないので不要です）

なども可能になり、指数が有理数にまで拡張したことになります。

そして「１０を底とする対数」としての常用対数 $\log_{10} x$ へ進み、一般化された対数 $\log_a x$ に入ります[*)]。

＊）岡部進著『茶の間に対数目盛――３．１１に学ぶ』ヨーコ・インターナショナル刊２０１２年９月１日発行８１～１５４頁

教科書の内容に戻って

翻って教科書を見ると、

・数値計算としての常用対数への道を外れていきます。

・累乗根の定義、累乗根の性質、対数 $\log_a x$ の定義、対数の性質

そして、底が１０の常用対数に辿り着きます。

この道のりは、

・系統性重視

・一般から特殊

という方向です。

筆者は、
・実用・応用を重視
・特殊から一般へ
の方向です。このことは、
・帰納的か演繹的か
などの哲学にかかわってきますが、筆者は帰納を優先させています。
これが第1章の内容です。

(5) 単元8の第2章の内容

次に第2章です。この章は、
・常用対数を使っての計算
です。計算機がまだソロバンや「計算尺」(章末参照)の時代ですから、
・桁数の大きい数や1未満の微小な数の乗除演算
を筆算で行うのは困難でした。この困難を解決する手段として登場するのは対数です。
・対数の加減計算
が有効でした。
けれども計算尺や対数表を使うことも想定して、

・「有効数字」で概算精度を指定した近似値計算でした。

こうした概算の精度に目を向けるという点で対数表や計算尺の使い方を解説することが必要でした。この要請に応えているのが第２章です。

第２章は、数年後に社会人になって様々な職種の職場で出合う計算に適応するうえで大事な計算技術の獲得の場でありました。この点で、第２章は昭和２７年（１９５２年）頃の時代性を表しています。

あらためてこの章を読むと、関数電卓やパソコン・スマホ内蔵計算機などの発達している現在では、桁数の大きい数やコンマ何桁にもなる小数の加減乗除は簡単に処理することができるし、対数表に表示されている１１桁の対数の四則計算も瞬時に可能になりました。第２章の「対数計算」は過去の産物です。

しかし、単元８で復活が望まれているのは第２章の「対数尺」と第３章の「図表計算」の中の「半対数方眼紙」「全対数方眼紙」*）などです。これらの重要性は第四章でも触れます。

*）今では「半対数方眼紙」は片対数方眼紙（市販では片対数グラフ用紙）と呼称されています。また「全対数方眼紙」は、両対数方眼紙あるいは単に対数方眼紙（市販では両対数グラフ）などと呼称されています。

（６）第３章「図表計算」の中身から

この章の各節は次のように構成されています。

１　グラフと函数尺

２　共線図表

まず、「図表計算」という用語の説明からスタートです。振り返ってみると、「図表計算」という数学用語は、高校数学教科書から姿を消して久しく半世紀以上もたっているので忘却の彼方の存在です。そこで「図表計算」とは何であったかについて教科書の説明を読み解くことにします。教科書では次のように説明しています。

「図を用いて数値を読みとって行う計算を**図表計算**といい、これに用いる図を**計算図表**という。」（２５２頁）

引用文から、「図表計算」は、図を計算の補助用具として使い、

・「図を使って数値を読む」（引用文）

という作業のことです。したがってこの作業には、

・数値を図に表す

・数値が表されている図から数値を読むことでもあります。この点で、数年後に社会人になろうとする当時の生徒には大事な数学の学習内容でした。

こうした〈作業する数学〉は、「実用数学」として１９２０年代以降では諸分野の科学者や技術者に歓迎されました。

たとえば、小倉金之助著『図計算及図表』は１９３７年の初版以来から戦後まで版を重ねてロングセラーでした*)。先にも触れましたが、いまのような計算機が全くなかったので、どんな職場でも計算の道具で苦労していましたから、『図計算及図表』は大きな役割をはたしていたのです。

この点で単元８の「図表計算」は、小倉金之助の研究活動に負うところが大きいでしょう。それにしても純粋数学者が研究対象として位置づけないような分野の「図計算」や「図表」に熱心に取り組み、そして著書も刊行している小倉金之助は型破りな数学者であったのかもしれません。しかし、この分野の研究活動には歴史的な必然としての「改造精神」（第一章）が根付いて、この精神を独自に発展させた帰結がここにみられます。

*）①小倉金之助著『図計算及図表』山海堂出版部初版１９３７年（昭和１２年）３月６日発行　筆者の手元にあるのは訂正２４版１９４４年（昭和１９年）３月２０日発行　②岡部進著『「洋

算」摂取の時代をみつめる』ヨーコ・インターナショナル刊2008年3月10日発行　258〜262頁　③岡部進論文「小倉金之助と計算図表学・ノモグラフィー」小倉金之助研究会編『小倉金之助と現代』第5集　教育研究社1993年　68〜121頁

函数尺の説明から

次に、第3章の第一節の「グラフと函数尺」の最初の頁に戻ります。ここには、「函数尺」の概要が、次の引用文のように紹介されています。

「函数関係を読みとる一つの有力な方法は、函数関係を示すように刻んだ二つの目盛を、見比べることである。この目的のために、函数関係にしたがって刻んだ目盛を**函数尺**と呼ぶ。対数尺は最も重要な函数尺である。」（252〜253頁）

この引用文では、

・函数関係を示すように刻んだ二つの目盛（引用文）

の文言がポイントです。そこで、引用文の後に三個の関数を例にして物差しづくりを紹介しています。この中の一つで、関数（y＝）x^2 の函数尺の作り方を紹介します。

教科書の説明を見ると、

・xが普通目盛のように記《しる》されているような水平線
・関数（$y=$）x^2が目盛られている水平線

という二つの水平線が並列になっていて、これら二つの水平線を見比べます。そこで見比べてみると　$x=2$の水平線の目盛の位置と、$x^2=4$の水平線の目盛の位置が一致するようになっています。同様に$x=10$のところの目盛の位置と$x^2=100$の目盛の位置も一致しています。したがって、x^2の目盛の水平線は「函数尺」ということになります。２本の水平線を用意していますが、求める函数尺は１本です。そこで、次に教科書の説明から離れて、１本の水平線に（$y=$）x^2の関数尺が作れるという筆者の仕方を説明します。次のように作業をします。

・平方の数値の位置に元の数値を目盛る

ことにします。分かり易く言い換えると、

・$y=x^2$において、yの値のところにxの値を目盛る

のです。例えば、$x=1$のとき、$y=1$ですから、$y=1$の点に$x=1$を書きます。続いて、$x=2$のとき、$y=4$を書き、$y=4$の点に$x=2$を書きます。

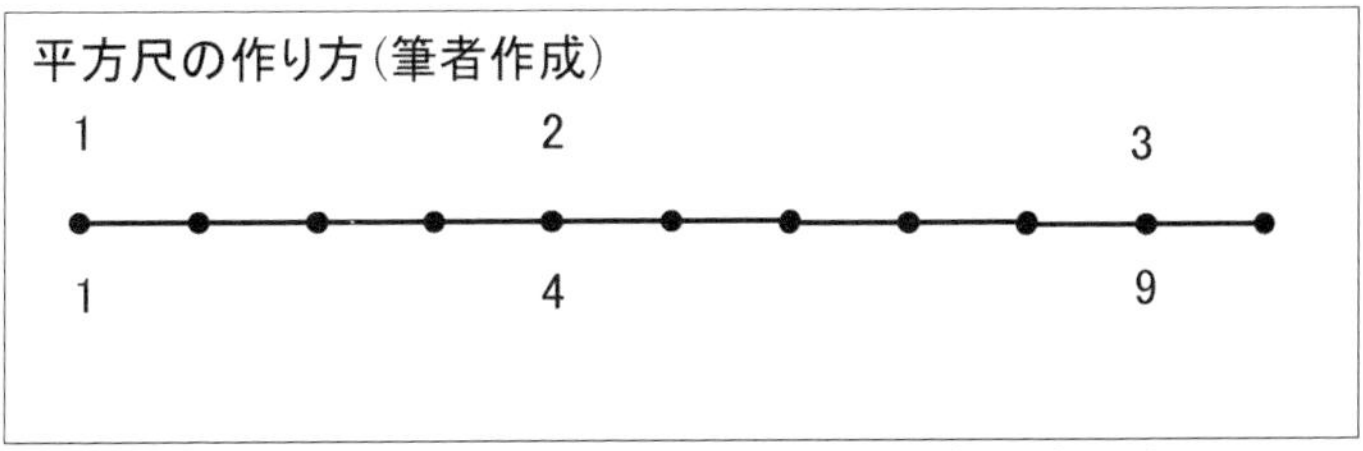

図１　平方尺　水平線の上側の数が平方目盛です。

さらにx＝3のとき、y＝9を書き、y＝9の点のところにx＝3を書きます。

　このように決めると、水平線の下側のyの値の所に水平線の上側の対応する点にxの値を書くことになリます。これが図1です。このとき、水平線の上側の数値は「平方目盛」と呼びます。

対数尺の作り方

　このような関数尺の一つは、引用文の「対数尺」です。教科書では、対数尺の作り方の説明は単元8の第2章で、「計算尺」（計算器）として広く使われた！）の原理を説明する箇所です。ここでは筆者（岡部）の対数尺の作り方を説明しましょう。

　まず準備として、常用対数 $\log_{10}x$ の x＝1, 2, 3 のそれぞれの値を求めます。スマホ計算機活用。

この結果は、次のようになります。
・x＝1のとき、$\log_{10}1＝0$

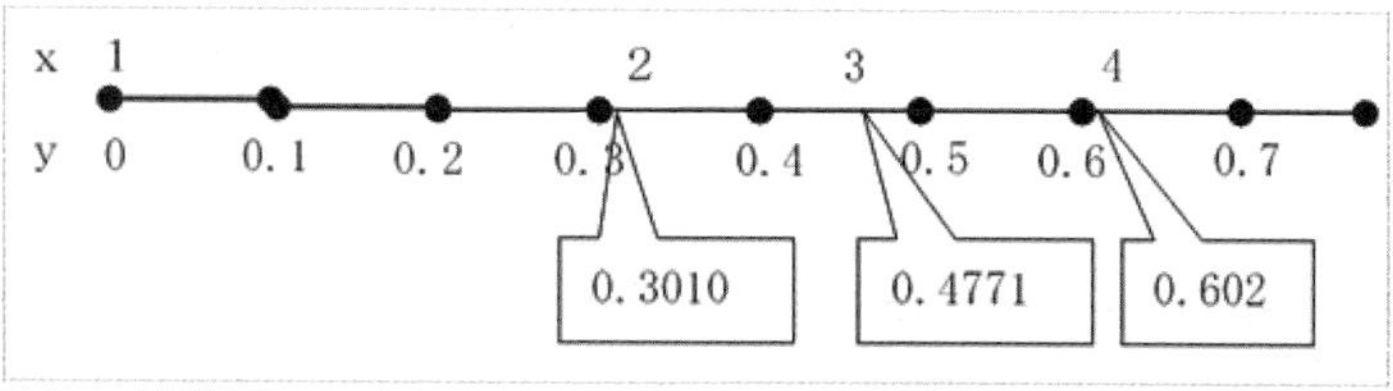

図2　対数尺　$y=\log_{10}x$
　水平線の上側の数値は「対数目盛」で下側は対数目盛に対応する対数値。例えば、$\log_{10}x$ をyとするとき、yをxの対数といい、xを真数といい、真数が対数目盛になる。筆者作成

・x＝2のとき、$\log_{10}2 \fallingdotseq 0.3010$

・x＝3のとき、$\log_{10}3 \fallingdotseq 0.4771$

そこで、$\log_{10}x$ の値の点の箇所にxの値を書きます。これが図2で、このとき水平線の上側の数値が「対数目盛」です。

「半対数方眼紙」（**市販、片対数グラフ**）

函数尺の説明の直後に「半対数方眼紙」「全対数方眼紙」の見本を紹介し、さらに具体例として経済現象をあげています。これが図3です。

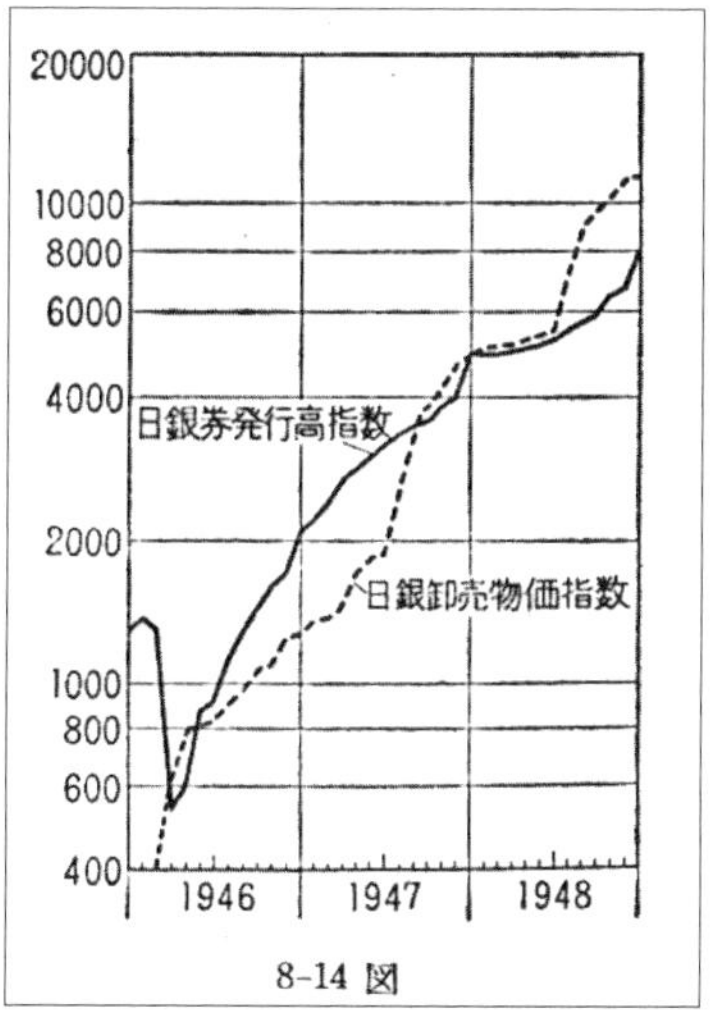

図3　縦軸が対数軸の対数目盛　出典：末綱恕一・菅原正巳共著『解析Ⅰ』255頁

この図3について共著者は、次のように掲載意図を書いています。

「戦後インフレーションにより物価が上がったときも、毎年物価は2倍ないし3倍程度に上がったから、半対数方眼紙で描くと、およそ直線で表された。」

この引用文を読むと、戦後の日本経済の混乱している異常現象を数学者として冷静にとらえようとする姿勢が出ていて印象的です。同時に図3を学ぶ生徒にとっても、日々の家計を数学の目で客観的に見ることができるよい機会になったでしょう。

さて、図3を見ると横軸は、1946年、1947年、1948年のそれぞれの年の月毎が割り振られ、これに対応する縦軸が対数目盛で、

・「日銀券発行高指数」
・「日銀卸売物価指数」

の二つのデータが折れ線で示されています。このうち、

・点線で示されている折れ線に注目する

というのが引用文です。

点線を見ると確かに物価指数が400から800に跳ね上がっている期間は、

・直線的ですから指数関数的な上昇

です。こうした直線的な上昇の期間は他にもあります。

これらの引用文紹介は、

・対数の実用性を示すのに有効でしょう。

なお、「函数尺」の次は「共線図表」ですが、ここでは割愛します。また、教科書の巻末には頁サイズの「半対数方眼紙」と「全対数方眼紙」が用意されています。それだけでなく、具体例も登場しています。

4　おわりに

昭和27年（1952年）頃の高校数学教科書を調べてきて、復活してもよいと感ずる内容が見つかりました。

一つ目は、数学史です。高校1年生にふさわしい数学史とは何かという課題も見つかりました。なによりも、17世紀の日本の数学史を紹介していくことが必要です。

二つ目は、常用対数の実用化です。〈数値計算としての常用対数〉は、中学生あるいは高校1年生が使えるようにすることです。そして「対数」も〈数〉として自由に使えるようにすることです。

さらにスマホに内包されている計算機のlogキーをはじめ、パソコンソフトのlog

キーにも馴れるようにする。このプロセスを経てくることで、「対数尺」、「片対数方眼紙」、「両対数方眼紙」も自由に使えるようにすることです。

　これら二つは、当該教科書からの新たな発見です。

(注)　計算尺について

「計算尺」とは、乗除計算をするのに対数目盛を使って計算する道具です。ここで、対数目盛とは、対数 $\log_{10}a$ の位置に a を目盛ることです。また対数には次の性質があります。

① $\log_{10}1=0$ 、$\log_{10}10=1$

② $\log_{10}a+\log_{10}b=\log_{10}(a\times b)$

③ $\log_{10}a-\log_{10}b=\log_{10}(a\div b)$

これらの性質を使うと、計算尺の原理は次のようになります

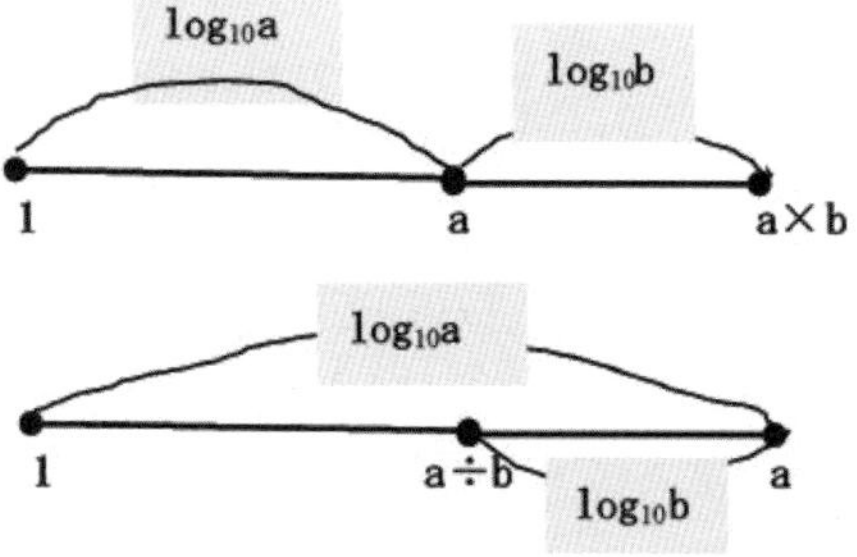

第四章　数量的歴史認識の必要性

——時系列データに目を向けよう

1　はじめに

令和2年（2020年）初春から新型コロナウイルスが世界的に広がり、連日のように各国の感染者数が発表されています。新聞・テレビなどでは、日々の感染者数を折れ線や縦棒（柱状図という）で表現しています。

このような時系列データは視覚化することで一目で状況が把握できるというメリットがあります。しかし、時系列データを折れ線や柱状図に表わすだけでは記録する良さだけしかありません。

大切なのは、折れ線や柱状図に潜む事実を掘り起こすことです。そしてこの時系列データに潜む事実を認識することであって、この認識を、

・数量的歴史認識（筆者の造語）

と呼ぶことにします。

この数量的歴史認識は、時代の流れを通して得られる数量的事実の認識ですから、未来を予測することが可能です。また数量的認識を深めるためには、

・数学が必要

になります。

どんな数学が必要なのでしょうか。

本章では、こうした数量的歴史認識を深めるような数学の内実を明らかにするとと

もに、この数学も〈生活数学〉と呼称することにします。

2　時系列データを集める作業

時系列データを集めるといっても簡単ではありません。いろいろな作業手順があります。この手順から話を進めましょう。

情報機器の進化で今やスマホの時代です。これ以外はいらないという方もいます。そうした中で、時系列データに関心があるのであればスマホ以外に、

・エクセルソフトが内蔵されているパソコンが必要です。

それでは、パソコン操作が多少とも出来ることを前提に話を進めていきましょう。いま、時系列データにするという調査対象が決ったとします。すると、次に目を向ける項目は、次のようになります。

・対象地域
・対象期間
・当該データが保存されている部署
・当該部署のホームページ

しかし、当該データが保存されている部署を検索するのは簡単ではありません。ま

たある期間のデータを探すとしても、年次ごとのデータしかないこともあって、年単位で繰り返しデータを集めることもあるのです。さらに国内のデータあるいは国外のデータを集めるにしても、国内向けや国外向けなどの部類分けでも部署が異なってきますから、細かな注意が必要になってきます。

部署探し問答——

例えば、年次別国別の輸入量データを扱っているような部署はどこでしょうか。

「総務省統計局でしょ」

「あるのかもしれませんが、探せません」

「この部署は政府統計を扱っているのだから」

「といわれても…」

「思いついたよ、輸入量には関税がかかるでしょ？」

「そうです」

「国税庁ホームページですか」

「正解、財務省ホームページ」

「貿易統計ですか」

「そうです、インターネットで検索してみましょう」

後日のこと、

「検索してみましたが、当該データは見つけられません」

「そうでしょうね」

という訳で行き詰ります。それほど貿易統計から当該データを探すには複雑な決まりがあります。

例えば、財務省の貿易統計からフイリッピン産バナナの輸入量の年次別データを探すとします。

・データの存在番地

に従わないと見つかりません。

この番地のルールは、

・国も商品も年次もすべて番号付けされていることです。この番号付けが大事です。これらの番号に従って当該データをさがしていくことになります。財務省貿易統計で当該データを探すのにも幾つかの関所を通過することになります。

このようなケースは例外なのかもしれません。国内で起きているような全国規模の出来事の時系列データは、

・総務省統計局

を検索することで得られるでしょう。

3　集めた時系列データの保存

パソコンを使って年次ごとに検索したデータは、
・自己流ノートに記録する
ことが必要になります。
続いて、
・エクセルソフトを開く
・格子の目のような画面があらわれる
・画面の枠を見る
・縦に算用数字、横にアルファベット文字
が続きます。これらは、
・「番地」
で、データの一つひとつは、
・格子の目の位置
として表されます。
この画面に当該データを入力する前に、

・タイトル
・扱う数量単位（g、kg、t《トン》など）
・期間
・検索部署
・検索年月日

などを入力します。特に、

・検索の部署と日付は大事

です。続いて、

・年次を表す数値を縦にするか横にするかをきめる
・西暦年と元号年を入力

する。これで年次別データを入力する準備が完了です。ここでようやく、

・年次別当該データの入力

となります。さらに注意が必要なのは、

・データの入力は年号を見ながら

ということになります。

これで、当該データはパソコンに入力されましたから、

・保存

します。

保存は「ファイル」キーを使い、

・保存しようとするタイトルのファイル名を入力してクリックします。保存は忘れがちですから意識しましょう。

4　時系列データの図表現――パソコンソフトのエクセルを使って

時系列データとは、年次のデータを例にすると、

・○年に△（数量）データ

ということですから、「○年」が主で、「△データ」が従という関係にあります。

これを数学流儀に表現すると、

・独立変数 x に対して、従属変数 y が一つずつ結びつく

という、

・対応

が生まれます。

・対応に法則性があれば、対応の規則が存在でしている

ことになり、この規則のことを、

・関数

と呼称しています。俗に、
・関数とは、二変数の間の規則
と言うこともあります。したがって、この関数を図に表そうとすると、
・横軸が時系列の数値ｘ（日、年捨象）
・縦軸が当該データ数値ｙ（単位は捨象）
として表すことになるでしょう。
このように横軸と縦軸の二つの数値（目盛という）を使うと、
・時系列データのそれが二つの数値の組
のデータに代わりますから、これらの組をどのように表すかということになります。

（１）折れ線で表現する

時系列データの「二つの数値の組」を格子の交差点に対応させて表わすと、この操作で現れる図形は、
・点列
ですが、パソコン操作では自動的に、
・点列を結んだ折れ線
になります。

なぜか？ここには隠されている数学的真実があります。

・時系列データは、本来、連続のデータ（連続量、「実数」表現）にならなければならない

のですが、

・「連続」という操作は人間でも機械でも不可能

です。そこで、

・不本意ながら飛び飛びのデータ（離散量、番号付けが可能な数）で我慢をすることになります。そして、

・とびとびの点列を直線あるいは曲線で結ぶことで連続的データ表現と見做すとします。特に、

・点列を直線で結ぶと折れ線

が生まれます。

パソコンでは点列を直線で結ぶようにプログラムに組み込まれているのです。

それでは次に実例です。

例　オレンジ輸入量年次別データの折れ線表示

ここでの関心事は、国産ミカンでなく、外国産オレンジとします。

外国産オレンジは、

・いつ

・どこから

・どれだけ

などという項目が満たされて輸入されています。そこで三つの項目に注目して年次別データを探してみましょう。

まず財務省貿易統計でオレンジ輸入量を調べます。すると輸入国は年ごとに異なり、数カ国にもわたります。しかも長期的に連続して輸入している国や1年だけの国、2年だけの国など様々なケースにも出合います。

いずれにしても、すべての輸入国のデータをエクセル画面に入力します。このとき、

・縦の1列目には通し番号、2列目には元号、3列目には西暦年号（横に年号を入力する場合は列を行にかえればよい）

を入力しておきます。

・4列目以降には輸入国名および数量を年次ごとに入力（単位を付けずに数値のみ）

します。これを繰り返します。そして各国の輸入量の入力が終了したら、

・年次ごとの合計

を算出します。

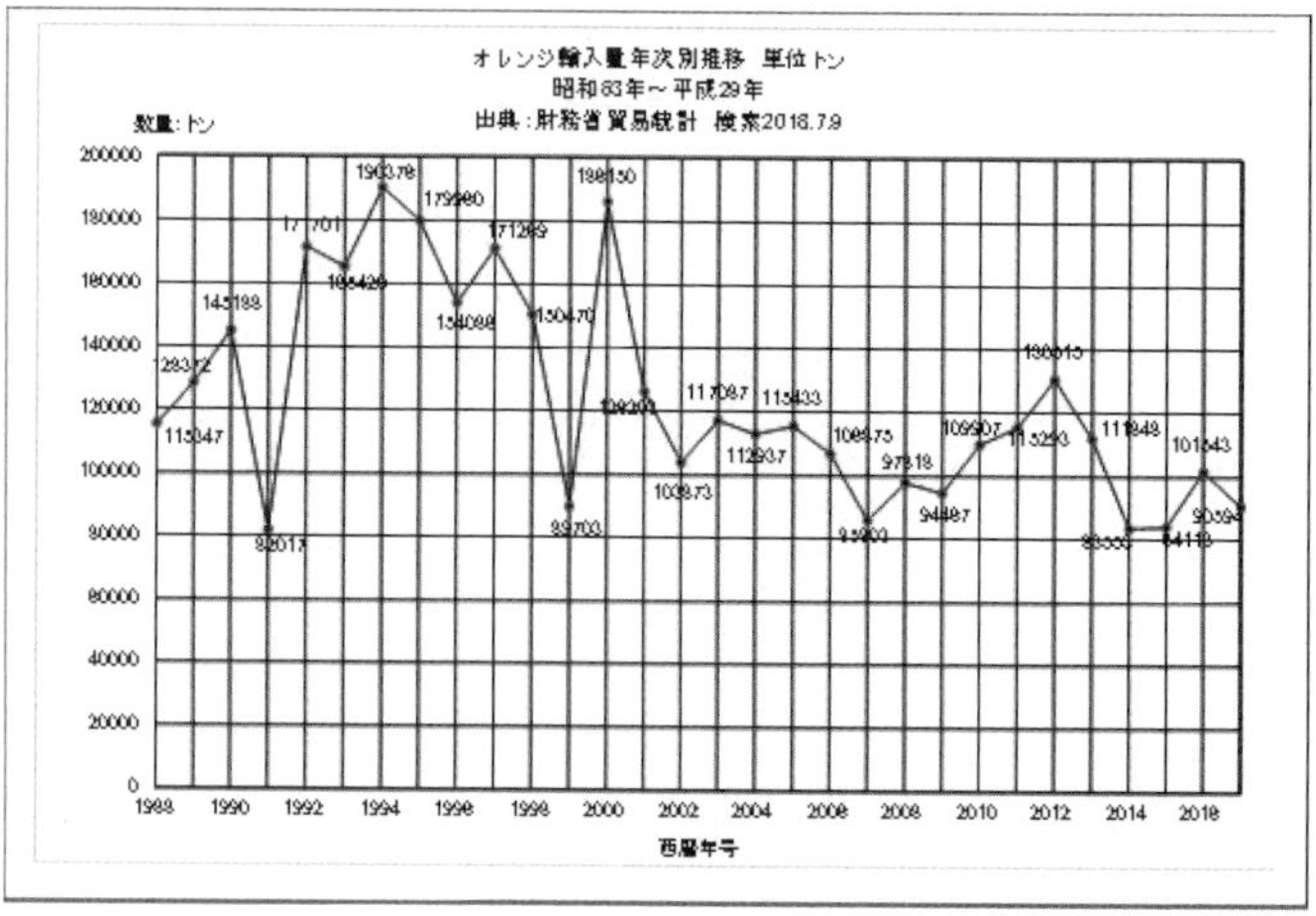

図１　筆者作成

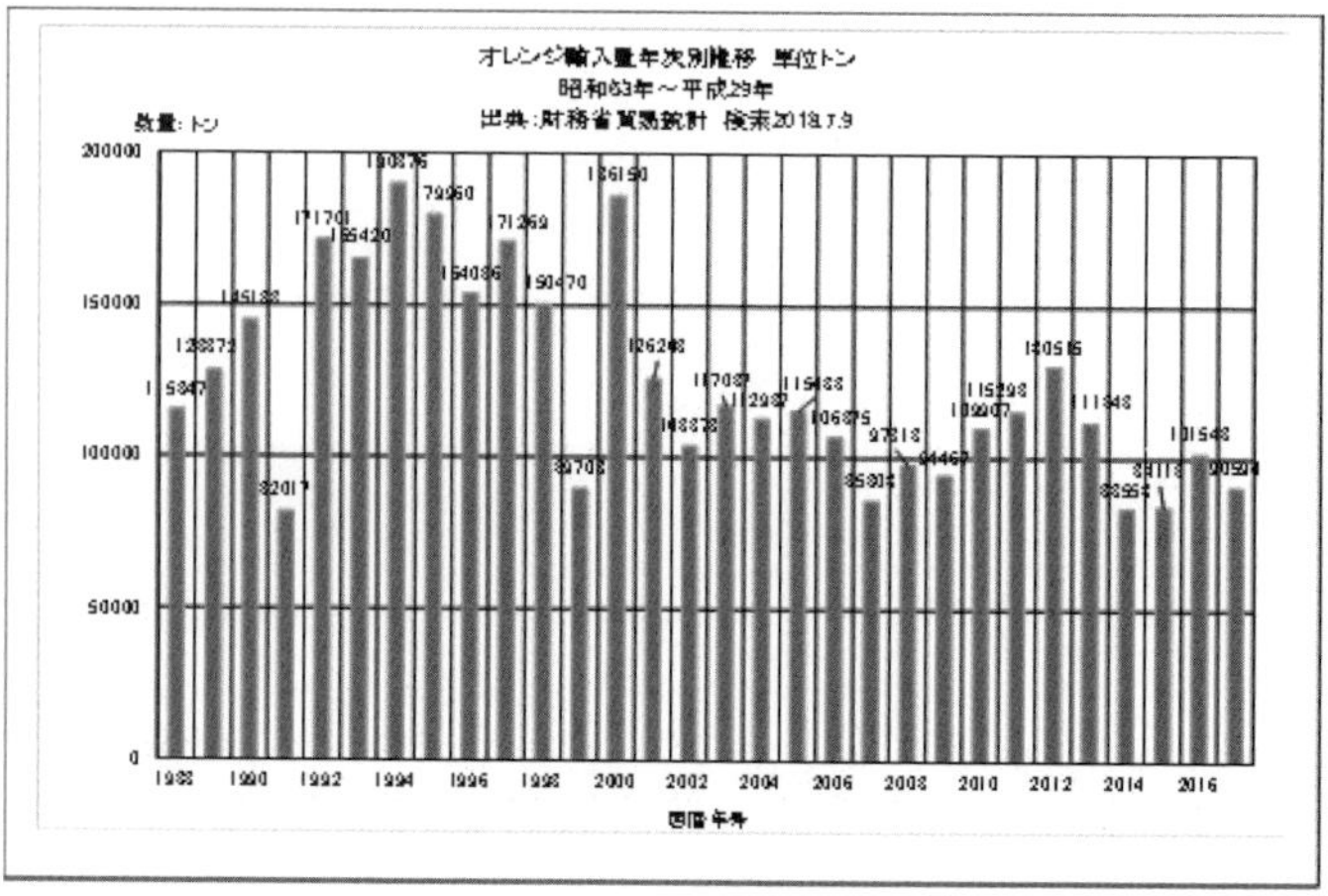

図２　筆者作成

・合計はシグマΣキーを使うと、負担がなく瞬時です。

このような経過を経て、

・年次と合計のデータの二つの縦ラインから選ぶデータをマウスで選択して数秒待機します。

そして

・挿入キーをクリックして

・図表現の種類キーで折れ線を選ぶ

・データシート画面に折れ線画面が現れます、しかし、

・折線画面を独自シートに移動することも可能ですから、

・折線画面にマウスを置いたまま移動キーをクリックすると独自シート画面になります。

続いて、タイトル、軸目盛など必要項目を表示すると、図1になり、輸入量の傾向が目に入ってきます。

それでは次は、折れ線観察です。図1の折れ線はどんなカタチをしているのでしょ

うか。このカタチに内在する特徴を明らかにする段階は解析と言います。

(2) 柱状図

時系列データの「二つの数の組」で画面上の点に対応させると点列から折れ線が生まれましたが、縦軸目盛に対応する当該数量の従属変数を「縦棒」で表そうとすると、次の手順になります。

折れ線を作る過程で、

・図形種類キーを選び直す

・縦棒キーを選ぶ

と、折れ線図は縦棒図に変換され、

・柱状図

になります。これが図2です。図2は、図1の折れ線に比較して、数量変動が視覚的に把握しやすい。この点で図2は、図1よりも優れています。

しかし、変動を数式表現しようとすると、図2よりも図1の方でしょう。折れ線は関数のグラフですから、数量変動の数量特徴が掴みやすいのです。

いずれにしても、図1も図2も用途に応じて使い分けることが必要でしょう。

（３）二つの時系列データの図表示（１）

次に二つの時系列データを同一画面に表示する例を考えます。こうした事例は経済現象や社会現象の考察ではよく登場します。ここでは社会現象事例として新型コロナウイルス感染者数をとりあげます。

感染者数から感染の実態を把握するにはどんな側面に注目するかがポイントです。そのスタートとして、次の二つの側面を見る事とします。

①感染者の累加数（総数）

②感染者数の前日比

この①②を同一画面に図表示する場合に困るのは同一単位で表し難いことです。こうしたときは、

・独立変数（観察月日）は同一であるから横軸に設定する

・二つの従属変数はそれぞれ縦軸の左右で表す

ということにすればよいでしょう。

このようにすると、二つの時系列データは同一画面に図表示が可能になります。これが図３です。

図３を見ると、

・①の感染者数の増加傾向は右上がり

であるけれども、
・前日比が一定であるか否かがわかりません。これを見るのが②です。②から、
・一定でなく、上下に揺れていることです。
この事実から、
・増加傾向が等比数列にならない
・指数関数的伸びをしていない
ことがわかります。

このように二つのデータを図３のように作成することで、単独で別々にデータを観察しては見えない事実が見えるようになります。

（４）二つ以上の時系列データの図表示（２）

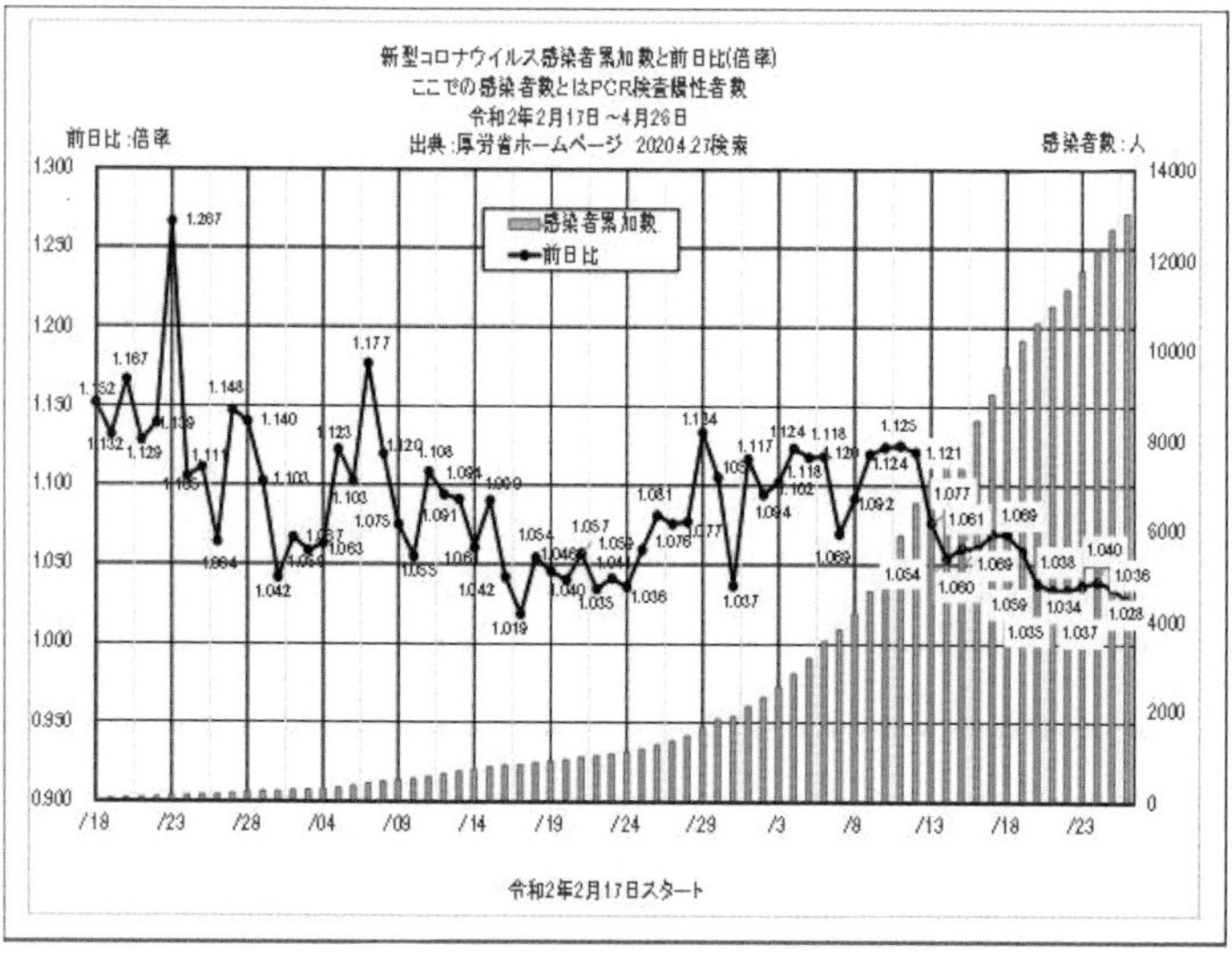

図３　筆者作成

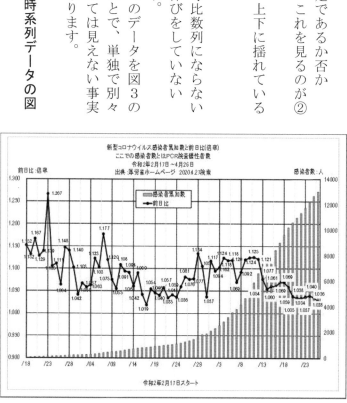

二つ以上の時系列データを同一画面に図表現する場合に上手くいかない例に出合うことがあります。独立変数を揃えても、従属変数の数値に桁数で開きがある場合です。こうした例は、輸入量にかかわる年次別データではしばしば出合います。

例えば、生鮮バナナの国別輸入量を画面に表すと、図4になります。

図4を見ると、フイリッピンとエクアドルの輸入量の動向は画面に現れますが、台湾、メキシコ、タイ、中国の輸入量動向が画面から見ることができません。これは、フイリッピンの輸入量が他国に比べて、2桁や3桁も多いからです。

このような例は、経済現象に限ら

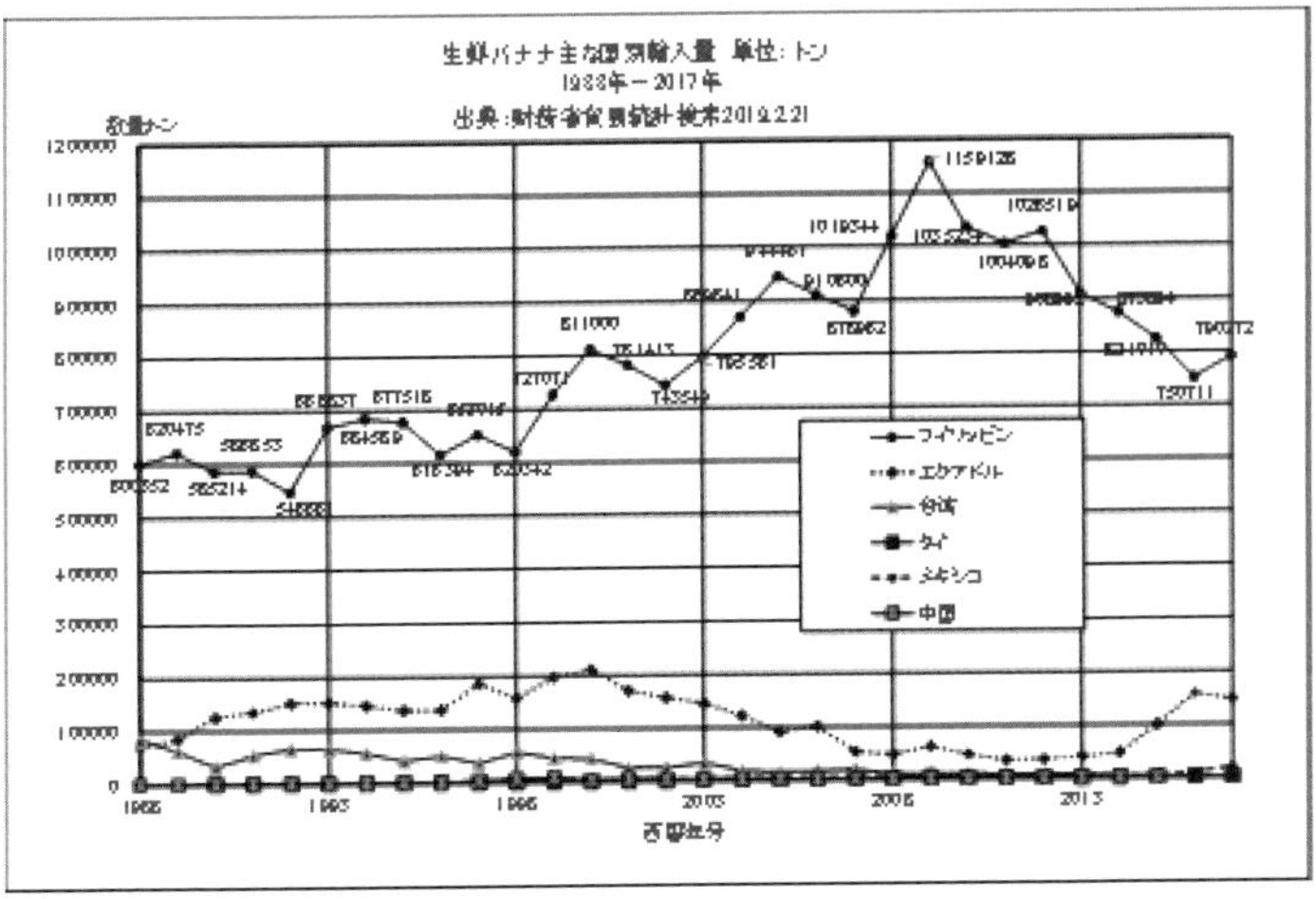

図4　筆者作成

ず、社会現象でもおきています。この図４のような事例は、新型コロナウイルス感染者数の世界的な時系列推移データの折れ線にもあてはまります。

　図５は、インターネットヤフーに掲載された折れ線の画面です。

　図５を見ると令和２年（２０２０年）７月２０日現在の時点で感染者数は、

・アメリカは約 371.9 万人
・ブラジルは約 209.8 万人
・インドは約 107.7 万人超
・中国は約 8.3 万人超
・日本は約 2.5 万人

です。

　この数値を見ると、

・日本とアメリカでは３桁位の差

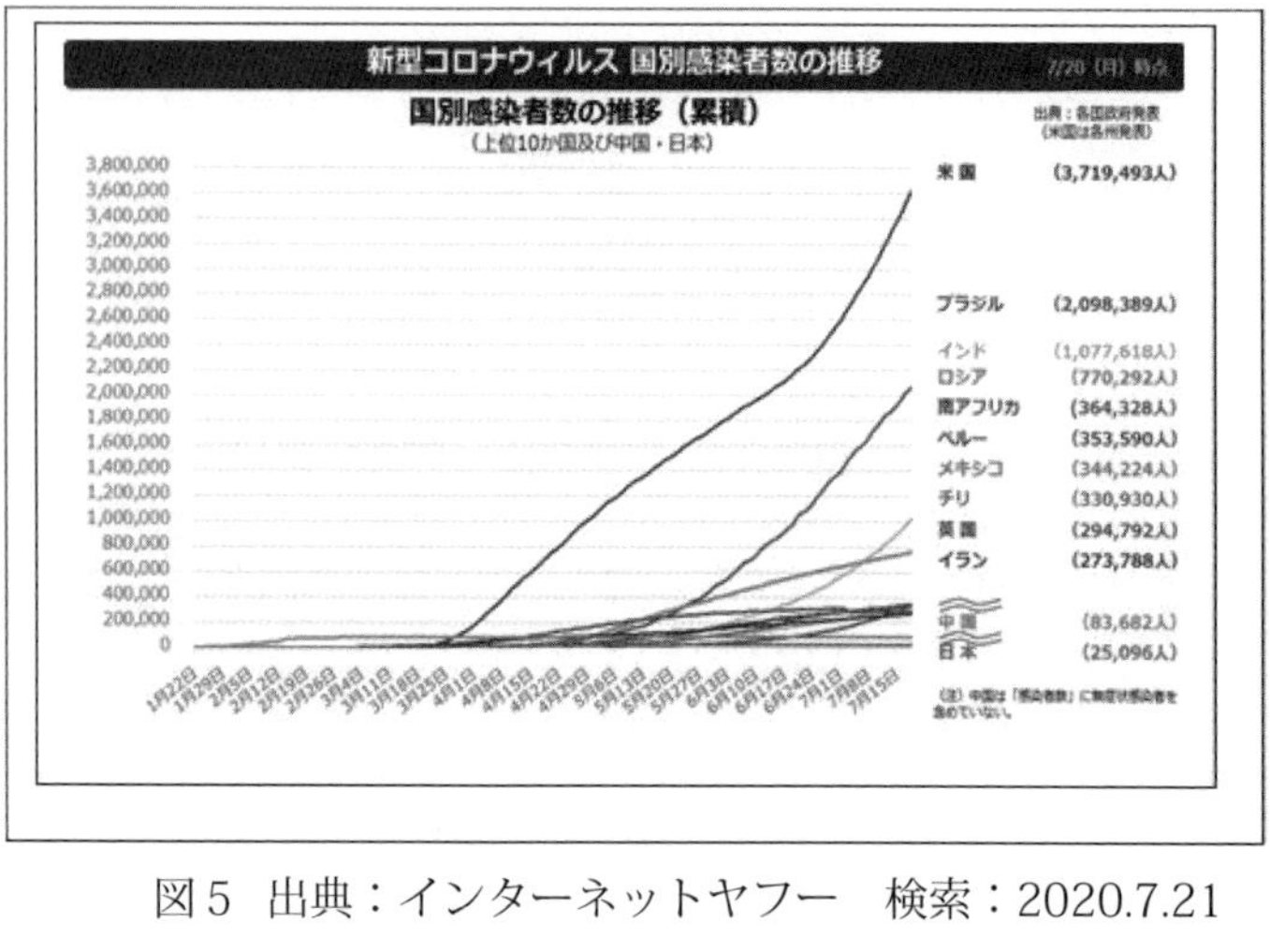

図５　出典：インターネットヤフー　検索：2020.7.21

があります。

これらを一つの画面に描くとすると、図5のように変動が見えない国が出てきます。これを承知で外務省はインターネットに放映していることになります。

これは何故でしょうか。

（5）二つ以上の時系列データの図表示（3）

図4及び図5が抱える課題では、数量《データ》の桁数に開きがあるような事例の年次別推移が一画面で見えるようにしたいということです。それには、図4や図5の縦軸の普通目盛を代える必要があります。

このためには、
・常用対数及び対数目盛
が必要不可欠なのです。

しかし現状の義務教育での算数・数学科の内容には、「常用対数」は存在しているが「対数目盛」は含まれていません。

多分、高校二年次に数学を学んだことのある社会人に訊ねてみると、

「常用対数は知っているけれど、対数目盛は知らない」

と返事をするに違いありません。「対数目盛」を知っている人は、理系の技術畑の人

だけです。

つまり、「対数目盛」は生活数学として不要だとして学校教育から削除されてきているということです。

しかし、第三章で触れたように、１９５２年頃の高校１年用の数学教科書に「常用対数及び対数目盛」は登場しているのですから、中学校や高校の数学内容として復活が望まれるでしょう。

繰り返すようになりますが、「常用対数及び対数目盛」は生活数学です。

縦軸が対数目盛の画面

では、図４に戻って、縦軸を対数目盛表示に変換してみましょう。

これが図６です。

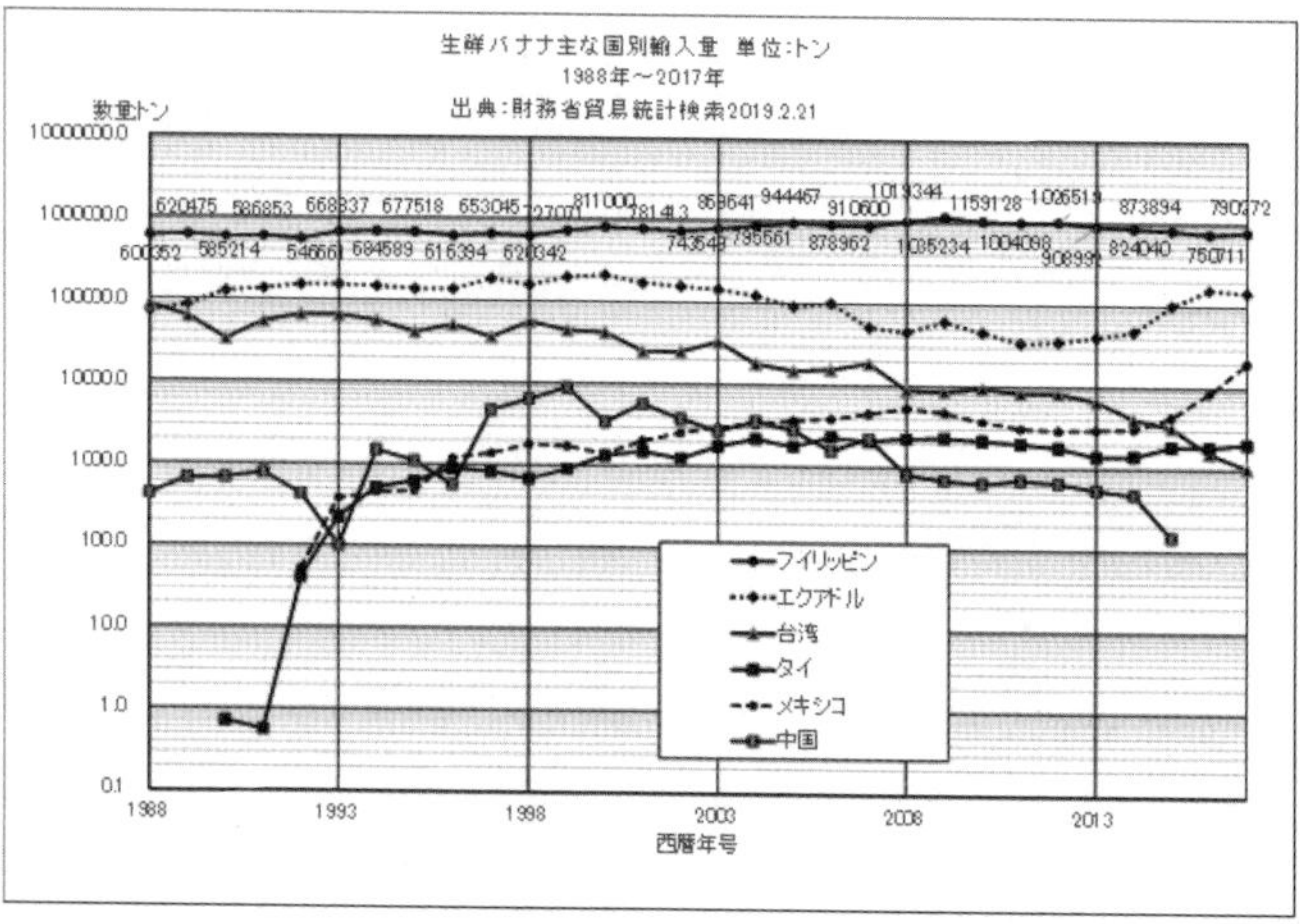

図６　筆者作成

エクセルソフトでは縦軸の書式設定をクリックして対数キーを選べばよいのです。対数キーをクリックすると、縦軸は「対数目盛」に変わり、図4の画面は自動的に図6になります。

図6をみると、図4には見えなかった国々の輸入量推移が画面上で見えるようになります。

こうした図4から図6への変換が可能になるのには、「常用対数及び対数目盛」の知識の有無に左右されるでしょう。

図表示で必要な数学（中間まとめ）

これまでに出合っている数学その用語を列挙すると次のようになります。

①独立変数、従属変数
②関数、関数のグラフ
③連続量・実数、離散量・番号付けが可能な数
④柱状図
⑤等比数列
⑥指数関数
⑦常用対数、底、真数

⑧対数目盛

5　時系列データの図表現の解析

時系列データを解析する準備作業の最初の段階として、

・データを折れ線や柱状図に表す

ことでした。けれども、

・データを図に表すだけでは記録したというだけに過ぎません。

そこで次の作業が必要です。

・折れ線や柱状図のカタチに目を向け

・カタチの特徴を生かして

・データに潜む法則性を抽出する

この作業段階を、

・解析

といいます。しかしこれだけでは、

・過去を解析するだけ

にすぎません。

解析の目的は、
・未来を予測する
ことなのです。これにはどんな数学が必要なのでしょうか。

時系列データが表す図のカタチはいろいろありますから、それぞれに応じて必要な数学は変わってきます。そこで、個々の時系列データの事例をもとに解析に必要な数学を取り上げてみましょう。これらの数学は、生活数学として位置づきます。

事例１　果物・桃の国内生産量の解析から

時系列データはいろいろありますが、親しみのある事例として果物の中の「桃」の国内生産量の年次別データを用意します。

桃は真夏に向かう頃が収穫期です。果物コーナーに目を向けると生鮮の桃は表面に傷がつかないように丁寧に包装されて置かれています。この光景を見ると、生産農家の人々の心が伝わってきます。それほど桃の生産は気遣う果物なのでしょう。

では、いま国産桃はどの程度に生産されているのでしょうか。生産量は伸びているのか、下降気味なのか気がかりです。

「こんなに手間のかかる果物は作りたくない」

と、生産農家は嘆いているのかもしれません。

そこで、昭和３５年（１９６０年）以降の桃の生産量を調べてみました。これが図７です。

図７を見ると、へ文字型の折れ線です。また右下がりの折れ線には直線が重なっていますが、ここに内在する法則を抜きだそうと筆者が解析の準備をしているところです。

図７から桃の国内生産量は昭和５５年（１９８０年）頃から年々下降線をたどっています。この傾向が続くと、令和２年（２０２０年）にはどの程度になるのでしょうか。

この予測をするのが解析です。

予測の仕方

そこで、どんな方法で予測をする

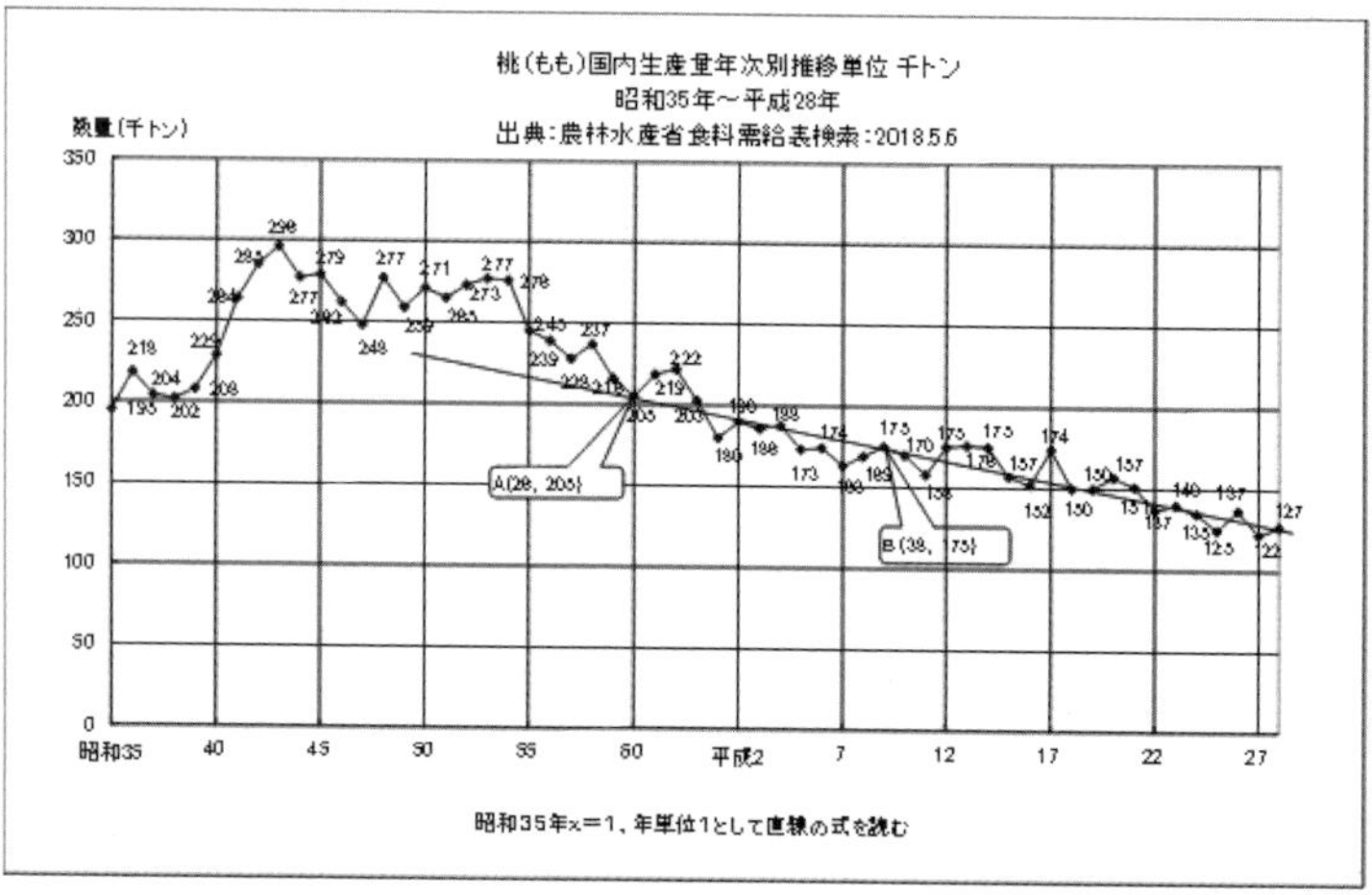

図７　折れ線のカタチを近似直線で見る（定規法）

筆者作成

かが課題です。

誰でも気楽にできるような方法とすると、

・定規の縁《ふち》を使う

ことです。すなわち、

・折れ線を直線で代替えする

という発想です。

この発想は、

・折れ線と定規の縁との誤差が最小になるように定規を移動して

・誤差が最小となる最適な位置で定規を止める

ことによって、折れ線を直線で代用する仕方です。

この仕方は、

・「定規法」

と呼称されて*）、予測への近道の常套手段です。

＊）小倉金之助著『図計算及図表』山海堂出版部昭和１９年３月２０日訂正２４版１０８頁

「定規法」は、

・折れ線を直線で近似する

ということになりますから筆者は、

・直線近似（筆者の造語）

と呼称しています。

また、データの表す曲線を直線や曲線で近似する時に使われている方法は、

・「最小二乗法」 *）

です。この点で定規法は最小二乗法の簡便法です。

＊）「最小二乗法」の原理は、高校レベルを越えた数学を使うことで得られるというのですが、筆者は高校数学の範囲で十分に導けることを明らかにしました。詳しくは、岡部進著『高校数学のリアリズム』教育研究社１９９９年1月１６日２７８〜２８３頁参照。

座標平面の構成

予測する仕方の準備が出来ましたから、図7を次のように変更して数学のテーブルに乗せます。

・横軸の目盛を年号から数へ（量から数へ）

・縦軸の目盛を量単位から数へ（量から数へ）

すなわち、横軸の目盛は、昭和３５年を1として年単位を1とします。例えば、昭和４０年は数値6、昭和４５年は数値１１になります。（以下同様）。また、縦軸の目盛単位の千トンは、数値1に換算します。

この二つの作業で、図7の画面は、
・数に数が対応する座標平面
になるでしょう。

また、図7の折れ線近似の直線は、
・座標平面上の直線になって、直線の式に変身する
ことが可能になるのです。

直線の式を求める道筋

直線はどんな式で表されるのでしょうか。

直線は、ノートに描いてみるとわかるように1点では固定されませんが、2点がわかるとただ一本に決まります。また、縦横の目盛が普通目盛の座標平面で捉えると2点を結ぶ直線はどのように傾斜しているかがわかります。けれども傾斜の度合いは数値で表さないと伝わりません。

そこで、ケーブルカーに乗って頂上を目指すときの場面を思い浮かべましょう。そして水平と鉛直の二つの動きに注目し、水平に進む距離n、鉛直に登っている距離mとし、
・比率（m／n）

を計算します。このときの、
・比率は「勾配」と呼ぶ
ことで、江戸時代に使われていたように今でも日常言葉になっています。

またこの勾配は、
・数学では直線の「傾き」
といい代えています。つまり、
・傾きは直線の傾斜の仕方（度合い）の数値
なのです。

また自然現象や社会現象を直線で計測する場合では、
・傾きは上昇率や下降率を表す
ことから、
・変動する現象を観察するときの物差しの役割
をします。

しかし、傾きがわかっていても直線をノートに描こうとしても定まりません。もう一つ条件が必要で、それは固定するための一点（定点）です。

このことから、
・直線は、定点と傾きが与えられるとただ一本に決まるといい、この必然として式も得られます。

一定点と傾きから直線の式を求める

いま、両軸が普通目盛の座標平面があって、点A(a,b)と傾きcが与えられている直線があるとしましょう。

そして、点A以外の任意の点P(x,y)を取ります。

このとき、傾きcと2点APの傾きは同じですから、次の式が成り立ちます（注）。

$(y-b)/(x-a)=c$

したがって、　$y-b=c(x-a)$

変形すると、　$y=cx+(-ca+b)$　……（1）

ここで式（1）は、点Pが点Aに一致した時にも成り立つかを調べます。

そこで、$x=a$を式（1）に代入すると、$y=b$になりますから、式（1）は成り立つでしょう。

このことから、直線上のどこの点に点Pがあっ

（注）直線の式を求める経過

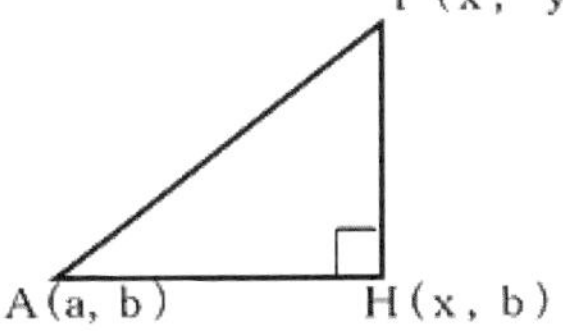

x－y座標平面上の直角三角形AHPにおいて、P（x，y）A（a，b）とすると、H（x，b）であるから、

AH＝x-a、PH＝y-b　だから、$\frac{PH}{AH}=\frac{y-b}{x-a}$

また一方、要件から、$\frac{PH}{AH}=c$　だから、$\frac{y-b}{x-a}=c$

変形して、　$y-b=c(x-a)$

ても、式（１）は成り立つことが分かります。したがって、式（１）は、点A (a, b) と傾きｃの直線を表します。

ここで、式（１）の表現を簡素化しましょう。ｃをｍとし、また定数項－ca＋b をｎとすると、次の式が生まれますから、

$$y = mx + n \quad \cdots\cdots \quad (1)$$

これを直線の式（１）とします。

二点A、Bを通る直線の式の求め方

また一方で、直線は2定点が決まると傾きが得られますから、ただ一本として固定します。なぜなら、式（１）のｍとｎを未知数とし、二つの座標のそれぞれをｘとｙに代入するとｍとｎの連立方程式が出来ます。この連立方程式を解くとｍとｎが求められるからです。そこで、図7に戻って実際に連立方程式を作って解いてみましょう。

図7から、折れ線と直線が交差する点を見つけます。すると近似直線は、昭和６０年（x = 26）と平成9年（x = 38）を通りますからこれが2定点になります。つまり、これら2定点は図7に登場している二つの点と座標で、A (26, 205)，B (38, 175) です。

次に、求める直線の式（１）に2点A、Bの座標を代入すると、次の連立方程式が出来ます。

$$\begin{cases} 205 = 26m + n \\ 175 = 38m + n \end{cases}$$

これを解くと、$m = -30/12 = -2.5$

$$n = 205 - 26 \times (-30/12) = 810/3 = 270$$

となります。この計算から、直線ＡＢの式は次のようになるでしょう。

$$y = -2.5x + 270 \cdots\cdots \quad (2)$$

ここで直線の式（２）は、図７の昭和６０年以降の折れ線を近似しているか否かを検算する必要があります。

・平成２年（$x = 31$）のとき、$y = -2.5 \times 31 + 270 = 192.5$（実際値１９０）

・平成２３年（$x = 52$）のとき、$y = -2.5 \times 52 + 27 = 140$（実際値１４０）

この検算から、近似直線（２）は昭和６０年以降の折れ線の近似直線とみなすことができました。

直線式のもう一つの捉え方

直線の式（１）は、見方を変えて、

・ｘを独立変数

とします。そして、

・xの任意の数を式（1）に代入するとyが一つずつ決まりますから、
・yは従属変数
です。言い換えると、
・独立変数xに従属変数yがただ一つずつ対応して
・対応の決まりの式（1）が存在している
ということになります。
この対応の仕方と決まりは、数学用語で、
・関数
と言います。このとき、
・式（1）は関数式
といいます。そして、式（1）の左辺と右辺をみると、
・yはxの一次式
ですから、
・yはxの一次関数
といいます。
したがって、図7の画面から座標平面を作り、この画面に直線を乗せると、この段

階で直線は、
・一次関数のグラフ
に変身するのです。

一次関数のグラフで桃の生産量（図7）の予測

図7に関連して、式（2）を使って、令和2年（2020年）の桃の生産量を予測しましょう。横軸の目盛を読むと令和2年は、昭和35年を1（スタート）して数値61に該当しますから、x = 61を直線ABの式に代入すればよいので、次のようになります。

$$y = -2.5 \times 61 + 270 = 117.5$$

この計算から、
・令和2年（2020年）の桃の生産量は117.5(千トン)
になりそうです。すなわち、
・約11万8千トン
です。この予測数値は実際の数値より多いか否かは、農林水産省が令和3年のはじめ頃に公表する生産量で確かめられるでしょう。

事例2　梨の国内生産量の解析から

時系列データを座標平面に乗せると、折れ線の形はいろいろです。この中で折れ線が「二次関数のグラフ」で近似することが可能な事例があります。

ここで二次関数とは、

・yがxの二次式

であるような関数のことです。式表現すると、

・式 $y = ax^2 + bx + c$

あるいは、

・式 $y = a(x + p)^2 + q$

です。

また、二次関数のグラフは、

・放物線 $4py = x^2$

とも言われ、

・上に湾曲しているかあるいは下に湾曲して線対称な図形です。このことから、時系列データの形状が放物線のようなカタチであれば、

・二次関数のグラフで近似が可能

ということになります。

農林水産省需給表

そこで、二次関数のグラフで近似が出来そうな事例を農林水産省需給表から探すと、

・梨の国内生産量の年次別データに出合います。このデータのうち、昭和３５年（１９６０年）から平成２８年（２０１６年）までを採用して図に表すとカタチが放物線に類似の折れ線になります。これが図８です。

図８の折れ線を見ると梨の国内生産量は、次の特徴があります。

・昭和３５年の２７７千トンから昭和５２年の５３１千トンまで上下変動しながらも上昇

・昭和５２年を越えて下降

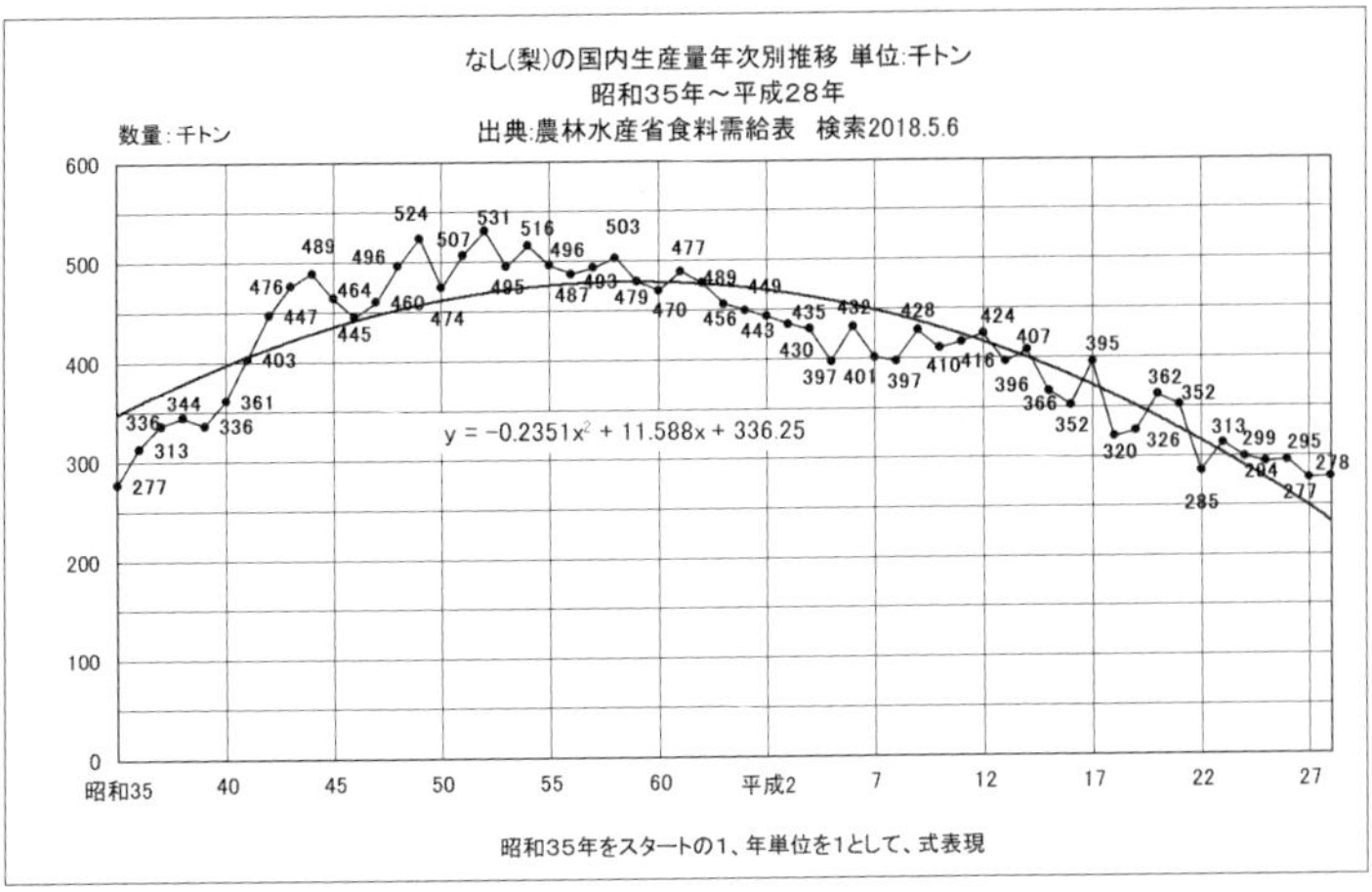

図８　折れ線は筆者作成。近似の二次関数のグラフと式はエクセルで自動的に得られる。
式の読み方は昭和 35 年が 1．単位年が 1。

つまり、図8の折れ線は

・上に湾曲しているようなカタチ

です。

このカタチから、

・二次関数のグラフで近似が出来そう

と見込んで、次のように式化を目指します。

・エクセルソフトの「近似曲線」キーをクリックして二次関数を選び

・式キーを選択する

・自動的にグラフと式が画面に表示

この作業結果が、図8の二次関数のグラフと式です。

図8の画面に出ている二次関数の式は、次のようになります。

$y = -0.2351x^2 + 11.588x + 336.25$ （単位：千トン） ……(3)

ここで注意しなければならないのは、式（3）が、

・先頭の昭和35年がスタート1になり、単位年が1となって変換されている

ということです。

念のために、例えば昭和59年は x = 25 ですから、式の x に代入して計算すると、次のようになります。

$y = -0.2351 \times 25^2 + 11.588 \times 25 + 336.25 = 479.0125$　（千トン）

そこでこの数値と実際値479（千トン）と比較するとほぼ一致しています。折れ線の近似曲線として採用してもよいことがわかります。

二次関数のグラフで梨の生産量を予測する

それでは、この二次関数のグラフ（３）で、令和２年（２０２０年）の生産量を予測しましょう。

令和２年は、昭和３５年がスタートの１で、年は単位１ですから、$x = 61$です。したがって、次のようになります。

$y = -0.2351 \times 61^2 + 11.588 \times 61 + 336.25 = 168.3109$　（千トン）

この計算結果から、

・令和２年の梨の国内生産量は、約１６８千トン

と予測します。

しかし、図８の右端を見ると、折れ線は、平成２３年頃から下向きではなく、やや水平（線）になっています。このことから、いま求めた予測は外れる可能性が高い。こうした時は修正をします。

予測の修正

ここでの注意点は、どの程度に修正するかです。そこで、図8の折れ線の右端をみます。この結果、平成23年（$x=52$）と平成28年（$x=57$）を結ぶ直線で近似することにします。すなわち、A $(52, 313)$，B $(57, 278)$ を通る直線ＡＢの式を求めればよいでしょう。

求める直線の式は、

$$y = mx + n$$

として、この式にA、Bの座標を代入します。そして次の連立方程式を作ります。

$$\begin{cases} 313 = 52m + n \\ 278 = 57m + n \end{cases}$$

これを解くと、次のようになります。

$$m = (313 - 278)/(52 - 57) = -7$$

$$n = 313 - 52 \times (-7) = 677$$

したがって、求める直線ＡＢの式は、

$$y = -7x + 677$$

です。そこで、この直線ＡＢの式を使って、令和2年の梨の生産量を予測すると、令和2年が$x = 61$ですから、

y＝－7×61＋677＝250

と計算されます。したがって、

・令和2年の梨の生産量は、250千トン（25万トン）と予測が出来ます。

上昇率と下降率の算出

次に、二次関数（3）のグラフをもとに上昇率や下降率を求めます。しかし、簡単には算出ができません。というのは、二次関数のグラフは直線的ではないからです。そこで、直線で近似する方法を考えます。この方法とは、次のような作業をします。

折れ線上に異なる2点を取って、この2点を通る直線を定規の縁が動くように動かします。その際に、

・2点を同時に動かさない

・1点を固定して他の点はグラフ上を固定の点を目指して動く

・やがて2点は1点に変身します。同時にこの時、

・直線も1点を通るようになります。

この1点は、

・接点

といい、このときの直線は、

・接線

といいます。

このとき、

・グラフ上の各点の接線の傾き

に注目すると、

・接線の傾きが上昇率や下降率を表す

ことになります。

次は

・接線を求める

という作業になります。

二次関数のグラフに接する直線（接線）の式の求め方

そこで、係数を文字にして、

・二次関数 $y = ax^2 + bx + c$ のグラフ上の点 $x = p$ のときの接線

を求めます。独立変数ｘがｐからΔｘだけ変化した時、従属変数ｙもΔｙだけ変化したとします。

このとき、比率Δｙ÷Δｘを計算します。そして、Δｘを限りなくゼロに近づけていきます。この結果（極限値という）は、ｘ＝ｐの接線の傾きになるでしょう。

これまでの内容を式に書くと、下の（注）になります。ここで接線の傾きをｙ'とすると、

$y' = 2ax + b$　……(4)

このとき、ｙ'を「ｙの導関数」といいます。

また、ｙの導関数を求めることを、

・ｙをｘで微分する

といいます。

結局、上昇率や下降率を表す接線の傾きは導関数で表されますから、

・ｙをｘで微分する

とも言います。

（注）関数 $y = ax^2 + bx + c$ の接線の傾きの求め方

$\Delta x \to 0$ とき，$\Delta y / \Delta x \to$?

変形して、

$$\Delta y = \{a(x + \Delta x)^2 + b(x + \Delta x) + c) - (ax^2 + bx + c)\}$$

また、$\Delta y / \Delta x = 2ax + a\Delta x + b$

$\Delta x \to 0$ とき，$(2ax + a\Delta x + b) \to 2ax + b$

すなわち、　$y' = 2ax + b$

例えば図８で、平成１３年（x＝42）の下降率は、式（４）のx＝42を代入すると得られますから、次のようになります。

$y' = 2 \times (-0.2351) \times 42 + 11.588 = -8.1604$

したがって、

・平成１３年の下降率（減少率）は、
8.1604減

ということになるのです。

事例３　キウイフルーツの輸入量の解析から

事例２にかかわって、

・下に湾曲している果物の生産量

を取り上げます。

図９は、キウイフルーツ輸入量の年

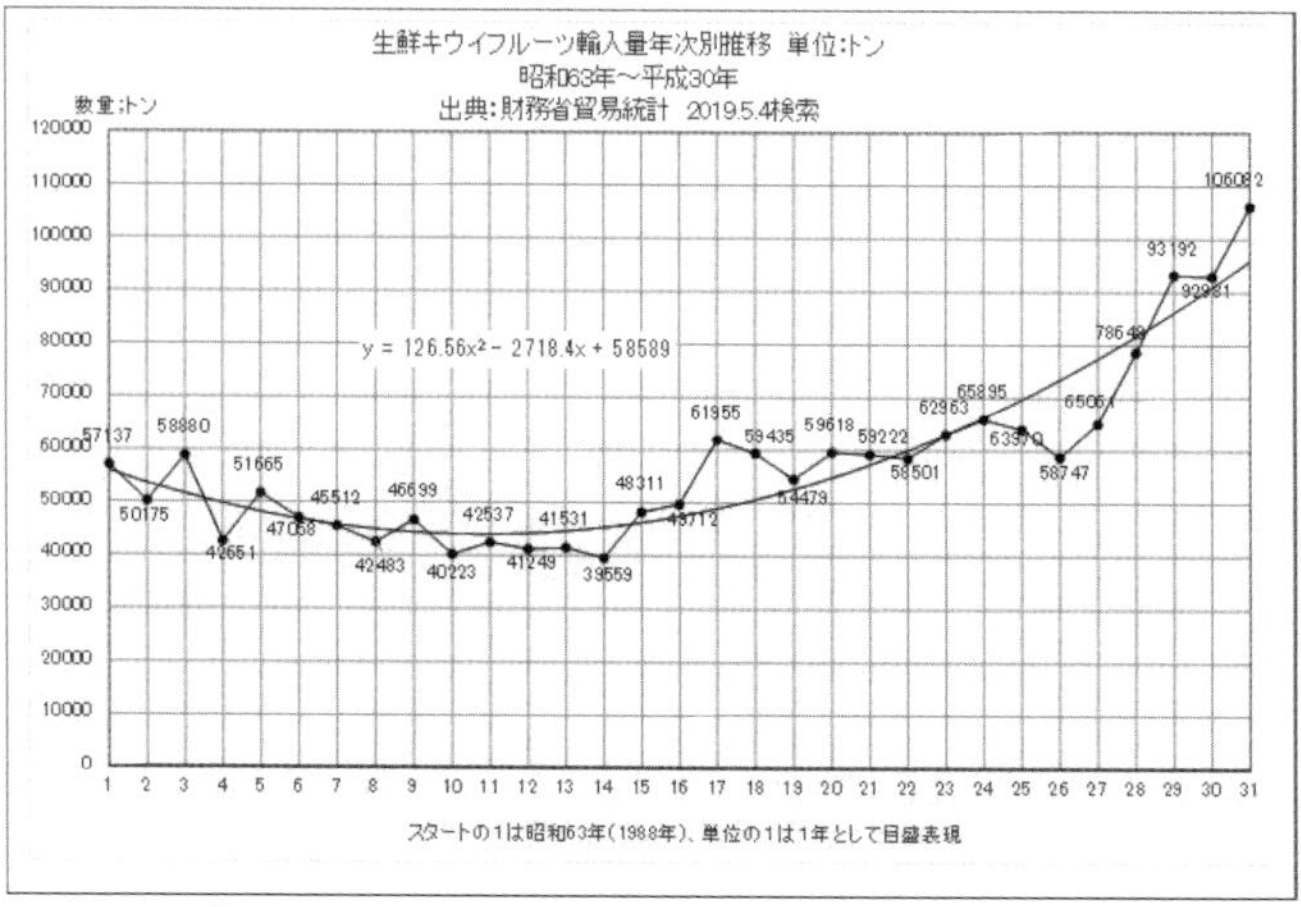

図９　生鮮キウイフルーツ輸入量の年次別推移折れ線
　ただし、近似曲線（二次関数のグラフ）及び関数式はエクセルソフトで自動的に得られている。　筆者作成

次別データの折れ線です。昭和６３年（１９８８年）をスタートのx＝1とし、また年単位を1として、平成３０年（２０１８年）のx＝31までのデータです。

またこの図9では、エクセルソフトで自動的に折れ線を二次関数のグラフで近似していますから、グラフの式も自動的に求められて、次のようになっています。

$$y = 126.56x^2 - 2718.4x + 58589$$

そこで、令和2年のキウイフルーツの輸入量を予測してみましょう。

昭和６３年（１９８８年）がx＝1ですから、令和2年（２０２０年）はx＝33になりますから、次のような計算になります。

$$y = 126.56 \times 33^2 - 2718.4 \times 33 + 58589 = 106705.64 \text{（トン）}$$

すなわち、

・令和2年のキウイフルーツの輸入量は約１０万６千７百トン

と予想されます。

けれども、図9の折れ線の右端を見ると、二次関数のグラフは折れ線の下側にあってやや隔たりがあるようですから、実際値は予測値を超えていくでしょう。けれども予測値ですから参考にはなるかもしれません。

下降から上昇への境界点の求め方

次に図9の二次関数のグラフを見ると、
・下降から上昇へと変わる境目
がはっきりしません。

こうした時は、
・接線で境目を見つける
ことが出来ます。

そこで定規の縁をグラフに接するように動かします。グラフの左側から定規の縁をグラフに接するように動かしてくると、縁の直線が右下がりで傾斜が徐々に緩くなって水平になり、ふたたび傾斜が生まれていきます。

この作業から、
・接線が水平になるときに変わり目が現れる
ことがわかります。言い換えると、
・接線の傾きが負から正に代わるときのゼロが境目になる
ことです。

早速、傾きがゼロであるような横軸xの値を求めるために導関数を算出します。

二次関数の式は、

$$y = 126.56x^2 - 2718.4x + 58589$$

ですから、導関数は、

　y' ＝2×126.56 x − 2718.4

です。ここで、

y' ＝0と置くと、 x＝10.739…

となりますから、

・境目はx＝10とx＝11の間

になります。すなわち、昭和63年（1988年）がx＝1ですから、

・平成9年から平成10年の間に輸入量は下降から上昇に変化することがわかります。

事例5　さんま（秋刀魚）の生産量の解析から

今までの時系列データの事例と異なる動きをしている事例を探すと、秋刀魚の国内生産量に出合います。

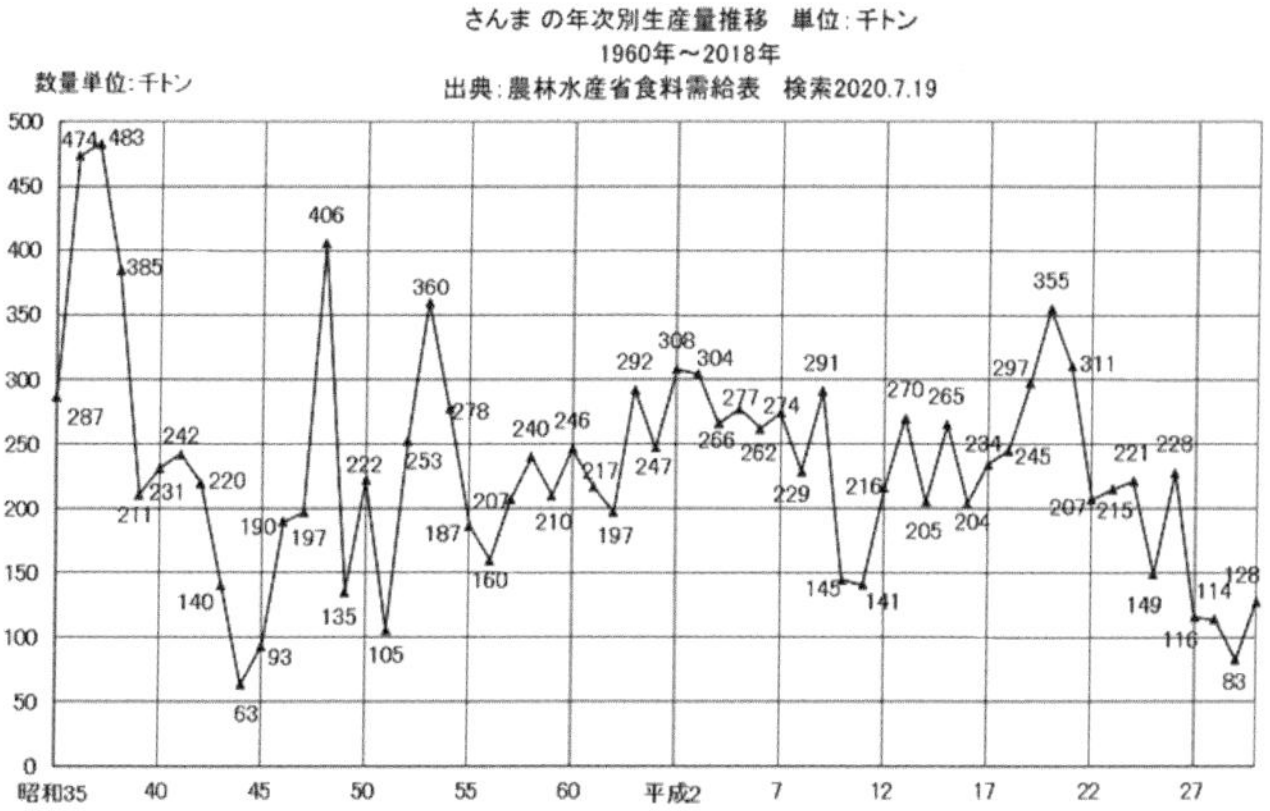

図10　筆者作成

これが図10です。昭和35年（1960年）以降から平成30年（2018年）までの国内生産量（漁獲量）の年次別データの折れ線です。

図10の折れ線のカタチを見ると、

・上下変動が複雑

・昭和37年を超えての7年間は急下降

・平成20年を超えての9年間も下降

などの特徴があります。

さらに全体を見ると、

・折れ線は50ラインから500ラインの帯状に含まれていることです。そこで、

・帯状の点がどのように散らばっているかを見てみましょう。このために秋刀魚生産量の昭和35年以降から平成30年までのデータを、

・度数分布

にまとめます。これが表1です。

次に表1の3列目の、

・度数

を見ます。

・上から徐々に増加

・階級幅２００〜２５０で度数の最大値は２１

・徐々に減少

しています。

次に、表１の度数分布表の特徴指標を見ると、次の通りです。

・平均m＝232.627

・標準偏差σ＝88.21

ここで、度数分布表をみるときに必要なのは、まず平均ですが、これだけでは分布の特徴はつかめませんから、平均からの散らばりの度合いが必要です。これを標準偏差と言うのです。

続いて、次の計算をします。

表１　秋刀魚の生産量年次別データから

度数分布表				
秋刀魚生産量年次別推移　単位：千トン				
昭和35年～平成30年				
出典；農林水産省食料需給表				
検索：2020.7.19				
階級 超えて、以下	階級値x_i	度数f_i	$x_i \times f_i$	$(x_i-m)^2 \times f_i$
50～100	75	3	225	74538.81
100～150	125	9	1125	104252.14
150～200	175	5	875	16604.36
200～250	225	21	4725	1221.59
250～300	275	12	3300	21545.65
300～350	325	3	975	25598.31
350～400	375	3	1125	60810.21
400～450	425	1	425	37007.37
450～500	475	2	950	117489.34
・・・	合計	59	13725	459067.80
平均m、分散σ^2 →			232.627	7780.81
標準偏差σ　→				88.21

$m+\sigma=320.84$
$m-\sigma=144.42$
$m+2\sigma=409.05$
$m-2\sigma=56.21$　（小数第三位四捨五入）

そして、

・「$m-\sigma$ 以上、$m+\sigma$ 以下」に含まれる度数を数えます。図９から、この範囲の度数は、

・度数４３で全体の 72.88 パーセント

また度数分布表では、「１５０を超えて３５０以下」に含まれるのは、

・度数４１で全体の 69.49 パーセント

です。さらに、

・「$m-2\sigma$ 以上、$m+2\sigma$ 以下」に含まれる度数は、図９から、

・度数５７で全体の 96.61 パーセント

また度数分布表では、「５０を超えて４００以下」に含まれるのは、

・度数５６で全体の 94.91 パーセント

です。

これらの結果から、図９の折れ線のカタチは、

・正規分布（平均を頂点とした左右対称の山なり分布）

とほぼ同形に近いでしょう。

このことから、令和２年の秋刀魚の生産量を予測をすると、

・「ｍ－σ以上でｍ＋σ以下」に含まれる確率は、６９～７３パーセント

です。すなわち、

・「１４５を超えて３２０以下」の生産量である確率は、約７０パーセント前後

であると予測されます。この数値を越えれば、予想外に生産量が安定と喜んでもよいということになるでしょう。

６　二つの時系列データの相関

二つの時系列データがあるとき、相互の関係を知りたい場合があります。たとえば、予算と決算（歳入と歳出）、出国者と入国者、生産量と輸入量、身長と体重などでは必要です。これら相互の関係を捉えようとするとき、浮かぶ一つは図表現です。この時に統計学で使われるのは、

・相関図

でしょう。

（1）相関図の作成

相関図は、今ではエクセルソフトで容易に作ることができます。この手順は次のようになります。

①二つの時系列データを揃えて後、どちらを主にするかを決めておく
②主が横軸で、他が縦軸になる
③作図キーをクリックして散布図を選ぶ
④相関図キーをクリックする
⑤画面が登場したら、保存の移動場所を指定して移動する
⑥タイトル、両軸の目盛単位など書き込む

では、実際に相関図を作ってみましょう。

事例6　生鮮レモンの生産量と輸入量との相関の解析から

先にみたように相関を知りたい事例はいろいろあります。ここでは、

・生鮮レモン（以下、レモン）果物の生産量と輸入量

に目を向けましょう。

図11は、生鮮レモンの生産量の年次別推移の折れ線です。また図12は、生鮮レ

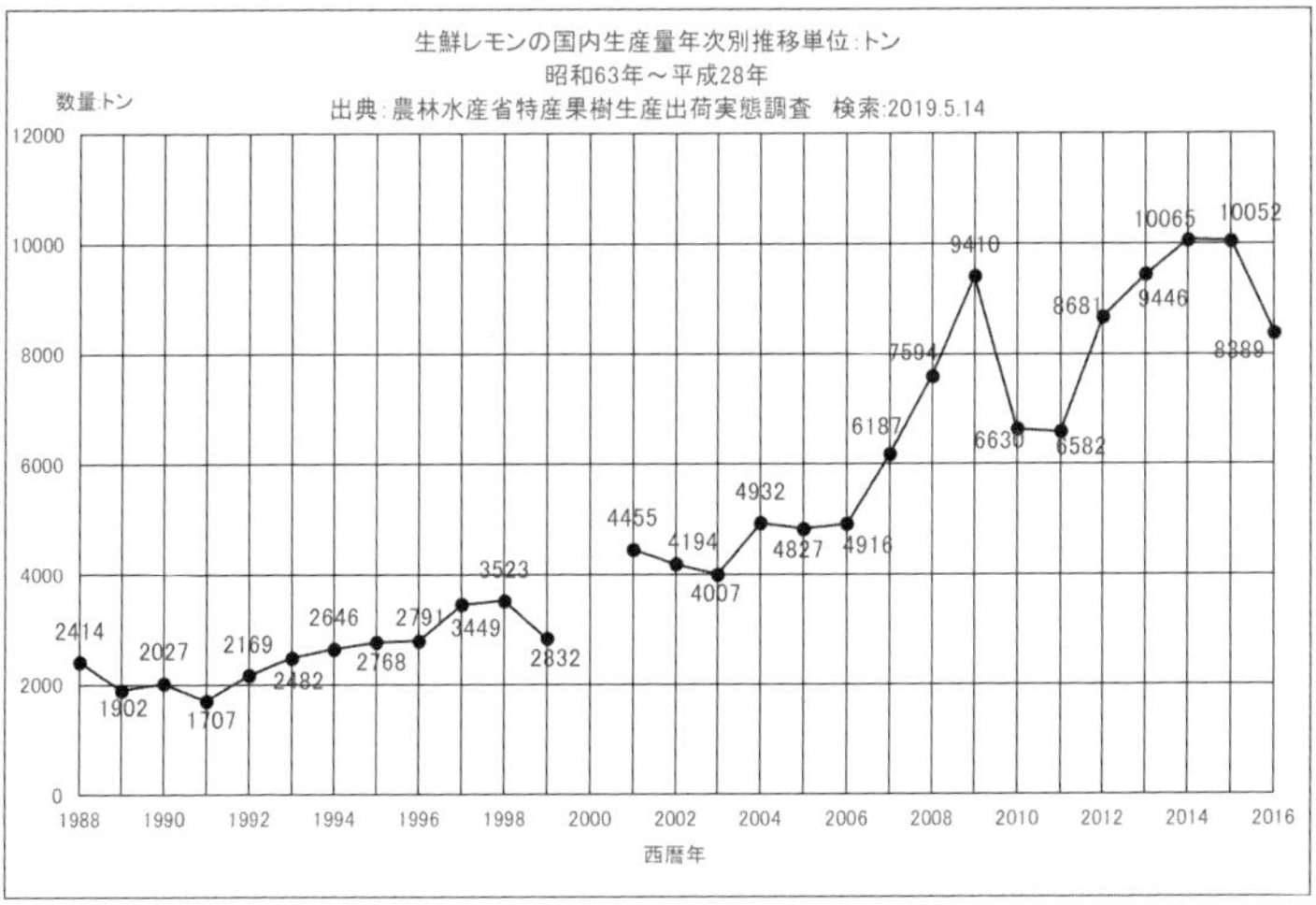

図 11　筆者作成

図 12　筆者作成

モン輸入量の年次別推移の折れ線です。

　図１１と図１２を見ると、生産量は上昇傾向にありますが、輸入量は減少傾向にあります。さらに扱っている数量の桁数に差があります。これらのことから両者に相関がありそうに見えません。しかし、生産量と輸入量を合計して供給量にしているのですから、何らかの関連があるはずです。

　いずれにしても相関があるかないかを確かめるには相関図が必要でしょう。そこで相関図を作りました。これが図１３です。

　これを概観すると点列は、集積がバラバラであっても、右下がりの直

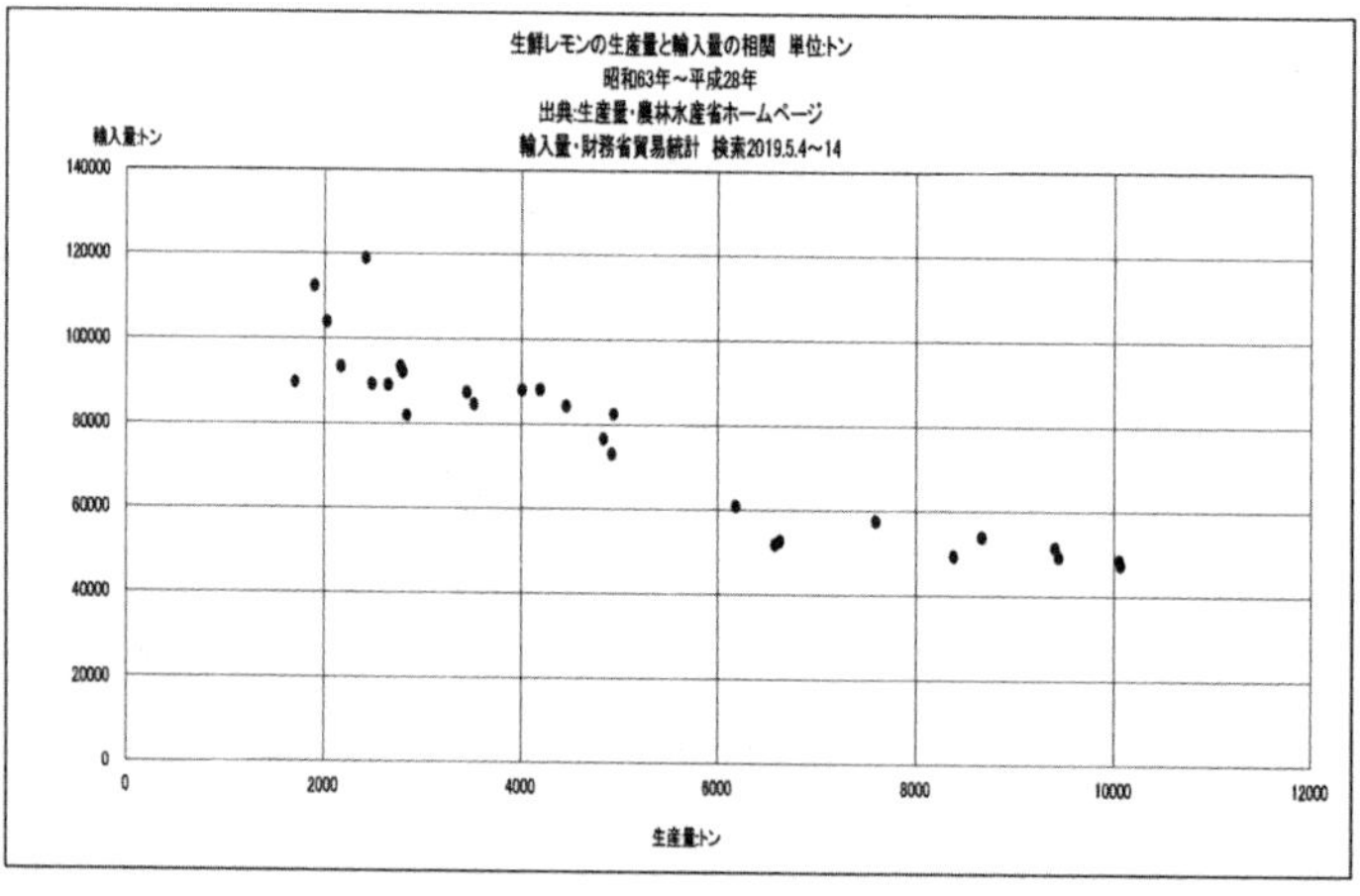

図 13　相関図。横軸に生産量、縦軸に輸入量。
各点は座標（生産量、輸入量）が対応している。
筆者作成

線上に並んでいる様ですから、規則性があるように見えます。しかし、相関があるとは断定が出来ません。そこで相関の度合いを数値化することが必要になり、

・相関係数

を使うことになるのです。

（2）相関係数

相関係数は、二つの時系列データの相関を数値化する統計方法です。この定義は次の通りです。

【相関係数の定義】

二つの時系列データを x、y とする

・x と y のデータの個数を揃える
・各データは x_i、y_i
・x、y の平均はそれぞれ m_x、m_y
・x、y の標準偏差はそれぞれ σ_x、σ_y
・x、y の共分散は $\mathrm{Cov}(x, y) = \Sigma(x_i - m_x)(y_i - m_y) / N$

このとき相関係数 r は、次のように定義します。

相関係数を求めるのに必要な数学的知識

・x について　平均 $m_x \cdots m_x = \Sigma x_i \div N$　（N；データ数）
分散 $\sigma_x^2 \cdots\cdots \sigma_x^2 = \Sigma(x_i - m_x)^2 \div N$
標準偏差 $\sigma_x \cdots\cdots \sigma_x = \sqrt{\Sigma(x_i - m_x)^2 \div N}$

・y について　平均 $m_y \cdots m_y = \Sigma y_i \div N$　（N；データ数）
分散 $\sigma_y^2 \cdots\cdots \sigma_y^2 = \Sigma(y_i - m_y)^2 \div N$
標準偏差 $\sigma_y \cdots\cdots \sigma_y = \sqrt{\Sigma(y_i - m_y)^2 \div N}$

・共分散 $\mathrm{Cov}(x, y) = \Sigma(x_i - m_x)(y_i - m_y) \div N$

$r = Cov(x, y) / (\sigma_x \times \sigma_y)$

相関係数の求め方

この定義から、相関係数を求めるには、次の作業になります。

①データ数
②平均m
③分散σ^2
④分散の正の平方根σ（標準偏差）
⑤共分散
⑥これらを計算して、相関係数の式に必要項目の数値を代入する

こうした作業は手計算では長時間がかかりますが、エクセル・ソフトでは数分です。

相関係数の計算過程（表2）

表2は、筆者がエクセルソフトを利用して相関係数を求めた計算過程です。表2の1、2列は年号、3、4列は生産量および輸入量、5、6列は平均からの隔たりの二乗で分散や標準偏差の計算過程に登場します。7列目は、共分散を求める途中経過になります。続いて、行の見方を説明しましょう。平成28年（2016年）までの行の

表２　生鮮レモンの生産量と輸入量の相関係数の求め方

生鮮レモンの生産量と輸入量との相関　昭和63年(1988年)～平成28年(2016年)

生産量出典：農林水産省特産果樹生産出荷実態調査　輸入量出典：財務省貿易統計　検索2019.5.4～

元号	西暦	生産量x_i トン	輸入量y_i トン	$(x_i-m_x)^2$	$(y_i-m_y)^2$	$(x_i-m_x)\times(y_i-m_y)$
昭和63	1988	2414	118905.8	6888000.25	1727137681	-109071191.3
平成元	1989	1902	112300.1	9837632.25	1221718640	-109630373.1
2	1990	2027	103884.1	9069132.25	704219268.6	-79916567
3	1991	1707	89679.2	11098892.25	152083625.5	-41084787.6
4	1992	2169	93416.3	8234030.25	258222402.5	-46110856.35
5	1993	2482	89276.2	6535692.25	142306814.7	-30497107.17
6	1994	2646	89082.0	5724056.25	137710976	-28076064.06
7	1995	2768	93429.5	5155170.25	258648028.5	-36515402.53
8	1996	2791	92059.8	5051256.25	216467307.8	-33067080.93
9	1997	3449	87497.2	2526510.25	103026397.6	-16133730.18
10	1998	3523	84630.2	2296740.25	53044506.98	-11037638.07
11	1999	2832	81933.7	4868642.25	21037587.56	-10120498.39
12	2000		91655.3		204726189.8	
13	2001	4455	84321.0	340472.25	48636145.98	-4069306.827
14	2002	4194	88192.6	713180.25	117626540.5	-9159089.777
15	2003	4007	88073.9	1063992.25	115066448	-11064800.44
16	2004	4932	82536.0	11342.25	26925606.84	-552627.3285
17	2005	4827	76686.1	44732.25	436854.9025	139790.925
18	2006	4916	73085.6	15006.25	18159512.91	522021.255
19	2007	6187	60864.1	1319052.25	271686421	-18930625.58
20	2008	7594	57404.7	6530580.25	397696246.6	-50962606.43
21	2009	9410	51422.5	19110012.25	672082085.3	-113329152.8
22	2010	6630	52617.7	2532872.25	611536596.9	-39356626.84
23	2011	6582	51898.0	2382392.25	647652160.9	-39280548.48
24	2012	8681	53833.6	13267806.25	552880920.1	-85647632.35
25	2013	9446	49229.7	19426056.25	790584302.6	-123927136.4
26	2014	10065	47295.6	25265702.25	903086642	-151053362.1
27	2015	10052	48557.6	25135182.25	828829379.6	-144335641.9
28	2016	8389	49293.8	11229201	786983489	-93992333.71
	総和	141077	2243061.766	205673337.8	11990218780	-1436260975
平均m	分散σ^2	5038.4643	77346.95745	7345476.348	413455820	-51295034.84
	共分散	-51295035				
	標準偏差σ	2710.2539	20333.61306			
	相関係数r	-0.930788				

次は、「総和」です。また、総和をデータ数で割ると次の行になり、平均値、分散、共分散となります。標準偏差は分散の正の平方根なのです。分散の正の平方根を求めるには「ベキ関数」キー（power キー）を使います。平方根は0.5乗ですから指数乗にします。この結果は、次のようになるでしょう。

- $\sigma_x = 22710.2539$
- $\sigma_y = 20333.61306$
- $Cov(x, y) = -51295035$
- $r = -0.930788$

相関係数0.930788の意味

統計学では相関係数ｒの数値について、次のように評価しています。

- ±1に近いほど相関がある
- 0は相関なし

この統計学上の言説を尊重すると、、

- 生鮮レモンの生産量と輸入量はかなり高いレベルで相関がしている

ことになります。

このように相関図では判断がつきにくい時は相関係数を求めますが、表2のような計算をしなくても、相関キーを使うだけで瞬時に求められます。

第四章５以降に登場した数学

このように、図６~図１３の時系列データを解析してきました。これまでの作業で登場している数学は、次の通りです。

①直線近似（折れ線を直線で近似すること）
②定規法（最小二乗法の簡便法）
③座標平面（縦軸、横軸、座標）
④勾配と直線の傾き
⑤一定点と傾きが与えられているときの直線の式 ｙ＝ｍｘ＋ｎ
⑥二点を通る直線の式
⑦連立方程式
⑧独立変数、従属変数、関数の定義
⑨一次式と一次関数、二次式と二次関数
⑩接線
⑪導関数
⑫微分する

⑬度数分布表（階級、階級値、度数）
⑭平均
⑮分散
⑯標準偏差
⑰相関図
⑱共分散
⑲相関係数

このように時系列データに関心を持って、データを解析しようとすると義務教育を越えてさらに高校数学が必要になってきます。これらを筆者は、繰り返しますが、「生活数学」と呼称しています。

生活数学は、学校数学の範囲を越えて生活に必要な数学を指しますが、今では高校数学を超えたレベルに来ているといえるでしょう。

本章では、数量的歴史認識の必要性を目指して、この認識を深めるのに欠かせない時系列データに焦点を置いて、この作成のイロハを紹介してきました。他者に頼らず自らデータを集めて時系列データを揃え、図式化して解析するには生活数学が深くかかわっていることもわかりました。

第五章　スマホ時代の数学的知識

――広がる生活数学の中身

1　情報機器の進歩に遅れてしまう計算技能

いま世界的にスマホ機器は流行の先端を行き、老若男女にかかわりなく使われて量的に増大し、質的にも進化（深化）しています。

スマホを開くと世界の出来事が目に飛び込んできます。活字であったり、写真であったり、漫画であったり、音楽であったりと表現はいろいろで、瞬時に視覚を刺激します。スマホは人々の日常生活に深くかかわってきていることが分かります。

また、スマホは電話やインターネット通信だけでなく計算機も備《そな》えています。このスマホ計算機は、固定計算機ではありませんから、持ち運びが自由です。どこでも必要であれば気楽に手計算の代わりをしてくれます。しかもスマホ計算機は四則計算だけでなく、数学することができます。

けれどもスマホ計算機を使っている人は多数派でしょうか、それとも少数派なのでしょうか。スマホ計算機には数学にかかわるようないろいろなキーがあります。この中から、例えば、「$\tan^{-1}$」キー（「アークタンジェント」キー）を選んで見ましょう。

「スマホ計算機の $\tan^{-1}$ キーを使ったことがありますか」

と訊ねると、ほとんどの人は、

「いいえ」

です。

なぜなら、学校数学には「$\tan^{-1}$」という数学用語は存在していないために学校の授業では出合うことはありません。けれども、スマホ計算機には存在しているのですから、意識することなく出合っています。最近、こうした学校数学と情報機器とのズレ現象が起こっているのではないでしょうか。

日常的な「$\tan^{-1}$」キー

話を戻して、「$\tan^{-1}$」キーに触れておきましょう。このキーは、エスカレータや階段の傾斜角を求めたいときに出合うキーです。

普段、街角でエスカレータに乗っているときあるいは家庭で階段を上るとき、「ちょっと急だね」などと感じる時があります。

階段もエスカレータも人の感覚を刺激しないように適度な角度で設計されていますが、時には人の平衡感覚を刺激する角度もあります。

そのために傾斜角の度合いは、場所によって設計上で決まっています。けれども、角度を測るのは難しい。

例えば、家の階段の角度を測ることを想像してみましょう。分度器があっても測りにくいです。多分、土木や建築関係の人は、分度器などの類は使わないでしょう。

つまり、階段の傾斜角を測る場合、三角形を想定して底辺と高さを測っているのです。これら二つの数値を持参の機器に入力すると自動的に角度が出るという作業をしているに違いありません。機器には「$\tan^{-1}$」キーが内包されているはずです。「$\tan^{-1}$」キーは傾斜角（勾配）を計算するときに必要な数学です。

では実際に家の階段の傾斜角を測ってみましょう。物差しを用意して、階段の奥行と高さを測ります。結果は、

・奥行きは23.5センチメートル

・高さは18.5センチメートル

です。続いてスマホ計算機で、

・高さを奥行きで割ると0.7872…

ここでスマホ計算機キーの $\tan^{-1}$ を使うと、

・38.21…

と出ます。すなわち、

・家の階段は３８度ちょっと

ということになり、

・かなり急だね

と、角度で実感する事が出来ます。

なお、駅や公園、道路などの階段の傾斜角は２２度から２４度位です。

このようにスマホ計算機は数学へのステップを内包していて実用的です。けれども、「$\tan^{-1}$」は、図１の内容で高校数学を越えています。

この点で、スマホには高校数学を越えた内容の数学を内蔵していることがわかります。

けれどもスマホに内包されている計算機は大事なのにもかかわらず、使う術を知らないと取り残されがちになります。

そこで、スマホ時代のベーシックな数学の内容は何かを本章では考えることにしました。

記号 $\tan^{-1}$ について

三角形ＡＢＣにおいて、∠ＡＢＣ＝∠Ｒ（直角）としよう。∠ＣＡＢ＝θ とするとき、辺ＢＣをＡＢで割った値を θ で表すには、記号 tan を使って次のように書きます。

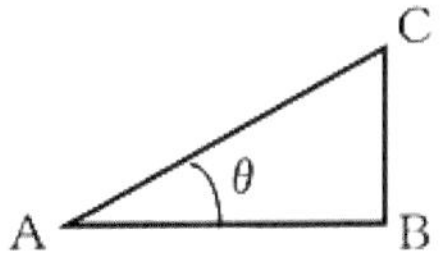

$$\tan\theta = \frac{CB}{AB}$$

ところで、$\frac{CB}{AB}$の値が分かっているとき、θ の値を求めようとすると、記号 $\tan^{-1}$ が登場します。$\tan^{-1}$ キーは、逆正接関数キーと呼びます。したがって、θ は次のように表されます。

$$\theta = \tan^{-1}\left(\frac{CB}{AB}\right)$$

図１　筆者作成

2　スマホ時代のスマホ万能を問う

これまで見てきたようにスマホには計算機がはめ込まれていて、関数記号キーがありますから、関数電卓の性能を保持しています。この点でスマホ計算機は四則計算を超えた電卓でもあります。

（1）買い物レジは機械化

さて、こうした計算機を内包しているスマホですが、ここで質問です。

「スマホを使って計算したことがありますか」

回答はまちまちです。

続いて、

「まったくしたことがありません」

という人に問いかけます。

「買物はしていますか」

と問いかけると、100パーセントの人が「イエス」です。

それなのにスマホで計算をしたことがないのは、

「計算は他人任せ」

というよりも、

・計算は計算機任せ！

ということなのかもしれません。

そういえば、どこの店でもレジは精密な計算機操作です。レジ係も客も安心して「機械任せ」です。かつて、レジに行く前に概算を暗算でしている人がいましたが今では稀なのではないでしょうか。

さらに、

「レシートは受け取って保存していますか」

と、レシートについて質問すると、この回答で、

「受け取らない」

「保存しないで捨てる」

という人もいます。

レジの横には、レシートを置いてもよいように備え付けの箱が置いてあるのをよく見かけるでしょう。

またレシートを受け取ってもレシートの内容を確かめているか否かも問いかけてみましょう。そこで質問です。

「レシートの計算明細をスマホで確かめていますか」

この質問の解答も気になります。

「ハイとノー」

の回答する比率を確かめたことがないので、正確なことは言えませんが、機械任せが多数派ですから、

「ノー」

が多数派かもしれません。

スマホ時代の落とし穴

このように買い物の時のレジ精算では、

「機械任せ」

「レシートをレジ横の箱に入れる」

「レシートをもらっても検算をしない」

という振る舞いをしている人々は、
・スマホ時代の落とし穴にはまりつつある
ということです。というのも、本来、人間に備わっている伝統的な計算技法をスマホ
計算機が代行することで、
・計算技法から人々を開放した
とはいえ、逆に、
・計算技法を捨てる人を増やす

ことに繋がっています。

この点は、計算に限らず、

・スマホの便利さは人間が持っている伝統的な生活技法をむしばみ

・いつの間にか生活技法から身を離す

ことにつながる事に他なりません。

ではどうするか。

スマホ計算機が生みだす大きな落とし穴に落ちないようにすることです。

・買物をしたら、レシートの明細を自分でも確かめる

という簡単な行動を持続させることです。

この誰もが気楽にできる行動こそ、

・スマホ時代のベーシックな数学のスタート

になるでしょう。

(2) スマホの見方

スマホを開いて目にするのは、いろいろなケースがあるにせよ、即刻性のある社会的な出来事が目に飛び込んできますから、これは「即時性時事」ということになるでしょう。即時性の時事も社会的に多方面にわたっていて政治家や芸能人の動向、スポー

ツのゲームの結果などさまざまです。どれをとっても見るところは、捜査ドラマに登場するような次の三ポイントでしょう。

・何時《いつ》、何処《どこ》で、何《なに》が起きたか

この三視点は、

・時刻、場所、事象

とも言い換えることができます。

こうした三つの見方でスマホ画面を見ると、

・自分の前に数値が迫り

・数学が浮かぶ

に違いありません。

なぜなら、数学は、

・時刻は？

・場所は？

・事象は？

という疑問符を数量化してとらえるからです。スマホ時代でも、三者は生活数学の変わらぬ基本です。ここには人類の長くて深い進歩の勢い《エネルギー》があるのです。

（3）スマホは情報の宝庫

時代の行方を示すスマホは、世界的な情報を入力することができます。また同時に保存することもできます。これら二つの能力は人の記憶を越えて大きいだけでなく人の記憶が相対的に薄っぺらになっているのではないでしょうか。

しかし、どんな情報でも入力と保存ができるからと油断すると、逆に何を何処に保存したかわからないことになり、無の世界に入りこみます。いずれにしても、入力するも保存するも前述の三者が大事です。ただし、ここでの三者は、

・保存時刻
・保存場所
・保存内容

と、言葉表現をかえましょう。これら三者は、

・1個のファイル名表示

になります。

入力と保存は一体

・何処に何をどのように入力して保存するか

という三者は一個のファイルに保存されることから、

・ファイルは「住《す》まい」(住居)

という役割をしています。

当然のように他者から事象《データ》を問われるとスマホで住居(ファイル)を探して開くと、残りの当該二者が現れますから対応が可能です。

このように、

・三者を内包するファイルはスマホ時代の特徴

です。

しかも、ファイルは復元が可能ですから、

・時を越えられる

と言えます。

(4) スマホは「時」を保存する

時の流れは消えていくものです。その時の流れをどのように残すかは人類の課題でした。この課題がスマホ出現で解決されたのです。

スマホには文字入力機能があります。

・時は文字に替えて入力

・入力すれば保存する

のです。
というのも、
・時は連続
ですから、
・時を残すことは人間でも機械でも不可能
でしょう。
だから、
・時を文字化して残す
のです。

もちろん、「今」といっても瞬間で過去ですから、「今」は存在していません。このことを承知で、文字だから「今」は残せるのです。
・令和２年７月２１日１６時３２分３１秒
と書いても、この文字表現は過去になっていますが、「今」は再現できるのです。
それは、
・モノ、場所、形（形態）、時刻（時間）
などがファイルとして保存されているからでしょう。ここで「モノ」とは、動作、思考、描写、操作、無形、有形の類も含まれるでしょう。

「時」は停止のままファイルに保存が出来るのです。

（5）スマホ撮影
――現場写真に活路あり

令和2年7月の九州・熊本地方を襲った集中豪雨はすごい、危ない、命がけという生命《いのち》の危険を伴う状況でありました。堤防決壊で濁流に飲み込まれて流されていく家屋の映像は自然の脅威を感じました。

このときの緊迫した映像は、命がけで撮影したという視聴者の投稿映像でしたが、多分、映像サイズからスマホ写真（動画）です、

こうしたぎりぎりの緊迫した自然現象の出来事をありのままに他者に伝えるのは、報道記者に依存するだけではなく、

・身近な体験者のスマホ写真である

と実感します。

こうした例は、高速道路上での車の衝突事故でも見られます。スマホ写真が事故瞬時を伝える報道に登場しています。

このような緊迫した災害や事故の出来事がスマホで撮影して写真で伝えられるという現実は、スマホ時代の到来を意味しています。

言葉や文章で伝えるという情報も大切で欠かすことのできない情報提供手段ですが、例えば日刊新聞を読んでいると情報遅延を招いて報道に限界があることも実感させられます。この限界に挑むのはスマホ写真です。

・スマホ写真は現象や出来事をありのままに伝える

という点でも優れています。

このように自然現象や社会現象に起きている様々な出来事を、

・ありのままに記録として残す

という行為は確実にスマホ時代になっているといえるでしょう。

（6）スマホは撮影写真をデータとして保存可能

スマホ撮影で「なるほど」と気付いたことは、職人さんと一緒に本棚の買い物に出かけたときです。職人さんはあらかじめ本棚を置く位置をスマホで写し、さらにサイズもわかるように入力していました。

大型家具店に行くとさまざまな商品が百メートル四方もあるかもしれないほど広いフロアに並べられていました。サイズもデザインも様々、金額もいろいろ。このなかから候補になりそうな書棚商品を探すのですから、これは大変と思っていましたが、職人さんは、陳列されている商品のサイズ、デザイン、素材、金額を見ながら候補商品をスマホで撮影していました。そしてデータを写真にしてスマホに入力していました。しばらくして休憩中、スマホ写真で候補商品を見せてくれたので、短時間で目指す商品が決まり、その日のうちに実物を確認することができました。

この場合、こうした大量の商品の中から目指す商品を探すために、

・スマホ写真はデータの役割をしています。

もちろん、スマホ写真は記録ですから、考察が必要です。この点で職人さんの相談するという行動は考察へと足を運んでいることになります。

次に目にするのは、

・計算書や領収書をスマホで撮影する

という光景です。

スマホ写真ですから、

・ありのままの保存

・計算書や領収書の類は不要

になります。けれども、後に時間をかけてスマホ写真を見て納得する場面が必要です。

ところで、

・スマホ写真で事象《データ》を保存する

ということは、
・「時」を超えられる
ということにもなります。
こうした光景を見ていると、
・スマホ写真でさまざまな生《なま》データづくりが可能
ということは、
・スマホ機能が時代を変えている
ということになるでしょう。

(7) スマホのよさと限界

ではスマホの最も良いところはどこかを改めて考えてみると、
・スマホはパソコンの小型化
を目指して作られた情報機器ですから、
・現行品が究極の小型化
でしょう。
この究極小型化は、
・パソコンを気楽にポケットやバッグに入れて持ち運べる

ように小型化したことは最良ということになります。

しかし、パソコンに内蔵されているソフトでも小型化の犠牲になっている部分があります。

小型化の限界

まずあげられるのは、次の諸点でしょう。

・画面活字のサイズに上限がある
・画面入力活字数に上限がある
・図や表が裸眼でみられる限界を超えて小さい
・新聞や書物の内容は写真複写で見るので、新鮮さに乏しい

さらに内包計算機にかかわると、次のことが起きています。

・同じ繰り返しの計算ができない
・大量数値の加減乗除が同時にできない
・時系列データの入力とグラフ化がややっこしい

こうした限界を知ると、

・スマホは受け身の情報機器

ということになるでしょう。

つまり、

・他人が生み出した情報を受け取るのに適している機器

ということになります。

このように見てくるとスマホでは、次の操作処理は適しない。

・大量活字の入力

・大量数値の処理（繰り返しの四則計算、式化の計算など）

・作表及びグラフづくり

こうした処理は、パソコンに譲ることになります。

3　パソコン文系・理系（造語）に目を向けて

パソコンは、

・薄くて持ち運びが可能な大型化

を目指して開発してきました。この点で現行のパソコンはサーバーは別として、

・究極の大型化

と言えます。筆者が使用しているノートパソコンの画面は、Ａ４判より大きく（縦１９センチ、横３４センチ、対角線38.9センチ）ですから、多分メーカーではサイズを15.6インチ型ノートパソコンと商品名にしているのかもしれません。画面の活字を

２００パーセントにすると、高齢者の目にも適する状態で文章が書けます。やはり、

・スマホとパソコンは住み分けが大事

で、両者の良さを生かして活用することでしょう。

パソコンの活躍場所

次にパソコンの活躍場所を捉えると、筆者の場合はソフトを入れることで多岐にわたる機能が付加されますから、次の三つになるでしょう。

・大量活字の入力
・大量数値処理（繰り返しの四則計算、繰り返しの式化の計算など）
・作表及びグラフ化

さらに煮詰めると、次の二つになります。

①文書類の作成（この中には、データの表現、絵画も含める）
②大量数値《データ》の処理、作表、グラフ化

しかし、①には、②にかかわる内容がありますが、その逆はありません。

そこで、

・①はパソコン文系
・②はパソコン理系

と呼ぶ（筆者の造語）ことにします。

（1）魅力的なパソコン理系の計算能力

パソコンのすごさを実感するのは、大量数値の四則計算などが瞬時に可能であることです。例えば、日々の新型コロナ感染者（ＰＣＲ検査後の陽性者）が報道機関から発表されていますが、令和2年6月1日から7月24日までの日々の54個の「累加数」を知りたい場合は、次のように作業します。

①パソコン内臓のエクセルソフトを立ちあげる
②入力シート画面の行と列に必要事項を入力
③元号又は西暦の月日を入力する
④日毎の報道結果を所定のセルに入力する
⑤累加したいデータをカーソルで指定する
⑥総和キーΣをクリックする

これらの作業でデータ数54個（30＋25＝54）の累加数は1～2秒で済みます。また「前日比」を計算したいとなると、この演算も数秒です。

このような計算能力は、人間能力を超えています。これがパソコンの魅力でしょう。

パソコンは、

・四則電卓や関数電卓の弱点を克服している
のです。

日本人が親しんできている、
・「そろばん」
をも超えているでしょう。

(2) パソコン理系の関数値計算の魅力

数学史を紐解くと長年の課題であったベキ乗計算（例えば、$10^{0.123}$）や対数計算（例えば、$\log_{10}1.071$）などの関数値計算は、半世紀前まで数表に依存していました。この課題は関数電卓が開発され普及することで克服されました。

しかし、データが1個や2個ではなく大量となると関数電卓では不可能でした。この課題をパソコンが克服しましたから、関数値の大量計算は可能になりました。

例えば、元金30万円、年利率0.3%の複利式で預金した時の年々の元利合計を求めようとすると、

30×1.003^n （nは年数）

というベキ乗計算を繰り返すことになります。

また、

・何年後に1.5倍になるか

の計算をするとなると、次の式計算になります。

$30 \times 1.003^n = 30 \times 1.5$

$1.003^n = 1.5$

ここでnに1、2、3・・・を代入して方程式を満たすような数値を探すとなると、パソコン計算でも長くなって面倒です。もっといい方法を探すと、常用対数表現に行きつくのです。

常用対数を使ってパソコンで処理すると、次のようになります。もちろん、この計算はスマホ内臓計算機でも可能です。

$n = \log_{1.003}1.5 = (\log_{10}1.5) \div (\log_{10}1.003) = 135.1753\cdots$

すなわち、135年かかります。

このように、いま対数計算でパソコンの恩恵を受けているのは、銀行、証券、投資信託、生命保険などの金融機関をはじめ経済・産業関係の人々です。商取引では複利方式が取り入れられているからです。

それだけではなく、輸出入を扱っている商社では、第四章で扱ったような時系列データが必要ですから、これらのデータ処理にベキ乗計算や対数計算が登場しているに違いありません。

（3）パソコン理系は大量数値の統計値計算が可能

第四章でも紹介したように大量数値の度数分布表、平均、分散、標準偏差、共分散、相関図、相関係数などの計算はパソコンで可能です。とりわけ標準偏差は分散の正の平方根なので、ベキ乗キーを使います。

これらの統計値計算は、スマホでも関数電卓でも使い方次第で可能ですが、データの集計、平均からの差の二乗の集計となると、パソコンにかないません。

また「階級」（統計用語）を決める際の階級幅は、

・データを別置して並べ替える
・数値を「小から大へ」の順に並べる
・ほぼ１０区分で区切る
・階級幅の数値表現をする

などの作業をすることで決まります。またこの結果を利用して、

・階級幅に含まれる度数も決まる

のです。

こうした統計値計算の一連操作や度数分布のような「作表」ではパソコンはこの利便性を十分に発揮しています。

ここでもパソコンは必要不可欠の必需品となっているのです。

(4) パソコン理系は大量データのグラフ化が可能

パソコンが威力を発揮するのは、大量データのグラフ化です。大量数値《データ》は、単に眺めていても特徴は見えてきません。そこで、鳥瞰《ちょうかん》できるようにデータを画面に映します。この作業を可能にするのはパソコンです。もちろん、当該ソフトが入っているという前提です。

このような、

・データの視覚化

・動画

などは、当たり前になっています。

けれども、

・視覚化は自動ではなく、人の操作が必要である

ということです。

一見、パソコンが自動的にデータをグラフ化するように見えますが、そこには人の操作が隠れています。

例えば、次のような操作が必要です。

・表図*）にするかグラフにするかの選択
・横軸と縦軸の目盛表示
・表図やグラフの表現色
・保存場所

*）「表図」は、時の経過を含めない表現で例えば、円を使ってアンケート結果を示すとかの場合を指すけれど、「グラフ」は時の経過を含むような折れ線などを指します。

こうしたことが人の手で決められるとパソコンは動き、表図やグラフが画面に登場します。整理すると、
・表図やグラフの観察
が始まります。
そして、
・特徴をつかむ
・特徴の数値表現
することで、
・解析が深まる
ということになります。

(5)パソコン理系の数学は生活数学

今見てきたようにパソコン理系は、スマホでは入り込めない範疇で活躍しています。
ここには、
・厚い壁
もあります。
この厚い壁は、
・使い方まで入り込む数学
の存在です。
この数学は、
・学校数学とそりが合うか合わないかの瀬戸際の数学
ですが、
・日常の仕事では不可欠
です。
このような数学を筆者は、繰り返しますが、
・生活数学
と呼称しているのです。
生活数学は、

・系統性を重視する学校数学と共存することも可能な側面がありますが、
・実用性が前面に出る
という特性があります。というのも、
・数学を日常場面に活かす
という視点が前面に出てくるからです。

例えば、本書第四章で扱いましたが、一次関数のグラフや二次関数のグラフを自然現象や社会現象に適用するという視点に立つと、
・適用の仕方
が問われます。

数学を自然や社会の現象考察に適用する

この適用の使い方をサポートすることが今の学校数学にはないのです。この背後にサポートしない方向性を持っているからです。

この表れの典型例は、
・対数の扱い方（関連第三章）
でしょう。

学校数学は、関数の視点を生かして、
・指数関数の逆として対数関数を位置づけてから常用対数を扱うことになっています。この指導順序の流れは、系統性を重視して、一般の対数から、特殊な対数としての常用対数に辿ることになります。ここには、数学を自然現象や社会現象の解明に生かそうとする、
・活かし方の視点
はありません。当然、対数目盛や対数画面も扱えません。
これに対して生活数学は、すでに第一章で紹介したように、
・常用対数は10進構造に位置付けて数として扱うことが必然です。
例えば、常用対数を数として扱うには次のような順序になります。
ここに5個の数列があります。
10, 100, 1000, 10000, 10000
質問「これらの数に共通する側面は何処《どこ》ですか」
この問いかけでの回答例
①前の数を10倍する
②ゼロの数が1個ずつ増えている

③１００は１０の２乗、１０００は１０の３乗、１００００は１０の４乗。１０は１０の１乗

④指数が１、２、３、４と並ぶ

などの回答が出ます。

このとき、次のような質問をします。

問１「１０の1.2乗は、どんな数ですか」

問２「５８は１０の何乗ですか」

この質問から、

・問１は、スマホ計算機で計算可能

です。けれども、

・問２は、仮説を立てて、パソコン理系の計算

が必要です。結論は、

・常用対数キーを使う

ことになりますから、スマホ計算機でも可能ということになります。

しかし、こうした常用対数を数としてとらえるという指導プロセスは、現行の学校数学にはありません。仮に学校数学を「使い方」の視点で捉えなおすと新しい指導順序が生まれるかもしれません。

いずれにしても、
・数学の使い方の視点で教育内容を見直し
・生活数学とは
を追及することは、スマホ時代のパソコン理系では不可欠と言えます。

（6）パソコン操作術と数学的知識

パソコンソフトのワードには図形作成ではいろいろな機能が付いていますが、円や正方形を描くのは難しいらしい。

そこで実際にワードソフトで円を描いてみます。

まず、
・挿入キーをクリック
すると、
・図形キー
が登場しますから、
・図形キーをクリックする
と、円キーがないので、
・候補になる図形キーを探す

ことになりますが、
・円を上下に押しつぶした図形
しか見つかりません。そこで、
・円を上下に押しつぶした図形から円を再現する
という操作をすることになります。
・単に上下左右に拡大しただけの操作では円になっている
と認められません。ここには円についての数学的知識が必要なのです。
その数学的知識は、次の三つでしょう。
・円の定義（一定点からの距離が等しい点の集まり）
・円に外接する四角形は正方形である
・正方形に内接する円の存在
これらの事柄がわかっているとマウスを動かして円を描くことができます。
このように、
・パソコン操作術と数学的知識は一体になっている
ことがいろいろな場面で見受けられます。
このパソコン操作術と数学的知識も生活数学でしょう。

第五章に登場した生活数学の内容

次に、生活数学の内容になる事例をあげていきます。

①繰り返しの相加と相乗の計算（等差数列と等比数列、級数表現）

②ベキ乗の小数ベキの数値化

③常用対数計算と対数目盛表現（底の変換も含める）

④度数分布表の作成（シグマ記号σ・Σ、平均、標準偏差）

⑤関数とそのグラフ化（一次関数のグラフ・直線、二次関数のグラフ・放物線、三次関数、指数関数、対数関数、ベキ関数など）

⑥近似曲線の捉え方（最小二乗法、直線近似、放物線近似）

⑦パソコンに含まれている関数記号の使い方

あとがき

——生活数学ネットワーク活動の13年

「生活数学」を広めるという活動を続けて十数年が経ちました。この間、さまざまな人々に出会いました。この出会いに励まされて「生活数学」普及活動は継続し、賛同を得た人々とともに生活数学ネットワークをつくることが出来ました。

この機会に「生活数学」普及活動の過去と現在をまとめてみることにしました。

（1）「日常性の数学」から「生活数学」へ

高校や大学の教育現場にいた頃は、

①学んだ数学を生活のなかに探す

②学んだ数学を使って日常現象をとらえる

等を授業や講義で提唱していましたが、この作業に絡む数学は、

・日常性の数学

と呼称していました。

この点で、「日常性の数学」という造語表現は、

・教育にかかわって生徒や学生の活動とも結びついている数学でした*)。

*) 岡部進著『日常性の数学にめざめて』教育研究社1991年4月1日刊

しかし、教育現場を去って、学校外で①②の実践をするにしても、この言葉を使うことはできないと考えるようになり、新しいテーマ用語を造語することにしました。

先ず浮かんだのは数学教育史でした。第一章や第二章で触れたように、20世紀初頭の世界的な数学教育改造運動の「実用数学」提唱、この運動に共鳴した数学者小倉金之助の「数学の大衆化」提唱、大正・昭和初期の小学校教師の「生活算術」提唱など、それぞれにみられる教育思想を再確認することが出来ました。

現在、目指そうとする活動は、前掲①②を広めることで、普段に生活している人々が対象であって、

・生活の数学的直視

がポイントと気付きました。

また生活者として、

・生活を見つめる数学

を広めることが緊要であると考えました。そして活動の趣旨①②を生かすように、

・「日常性」を「生活」に変える

ことにしたのです。この点で、

・「生活数学」は学校教育も含めた①②の数学

といえます。したがって、

・生活数学の対象は「日常性の数学」という範疇《はんちゅう》を含む

という形態になるでしょう。

この点で、「生活数学」は、生活者にかかわる生活の数学です。

（2）生活数学を広めるために本の執筆

生活数学を提唱してから直後に始めたのは、「生活数学とはどんなことなのか」を自らに問うような思いでシリーズ本を書き始めました。

第1巻は、大学を定年退職する前に学会誌に掲載されている論文をまとめました。これらの論文は、明治維新以降の日本の数学教育史だけでなく、西洋統計学の輸入に深くかかわっている福沢諭吉や呉文聰《くれあやとし》の実践も入れました。両者の統計思想は、国政学としての統計学を越えて生活数学にかかわる実践としてとらえたからです[*)]。

*）岡部進著『「洋算」摂取の時代をみつめる』ヨーコ・インターナショナル　2008年3月20日刊

次に、「生活数学」としての視点で執筆し始めたのは、平成19年（2007年）頃で、第二巻以降です。

第二巻の表題は、『日常素材で数学する』です*)。この巻は、表題の通り、「日々の生活の中に数学ありき」の視点で、隠れている存在の数学を浮き彫りするという作業です。教育現場にいた頃に生徒や学生に問いかけていた視点①②に該当します。

*) 岡部進著『日常素材で数学する』ヨーコ・インターナショナル２００８年３月２０日刊

第三巻は『「生活数学」のすすめ』です*)。第三巻で初めてタイトルとして「生活数学」という造語を使いました。生活数学という言葉（用語）がまだ広がりを見せているわけではありませんから、生活数学に鍵かっこを付けました*)。

*) 岡部進著『「生活数学」のすすめ』ヨーコ・インターナショナル 2008 年3月２０日刊

第四巻以降の紹介は省きますが、このシリーズは１０巻で完結し、続編を執筆継続中です。

（3）生活数学を広めるために少人数講演会

書物の執筆がきっかけで平成２１年（２００９年）８月から、生活数学の普及活動として少人数の講演会を開催してきました。

このミニ講演会は、「生活数学セッション」と名付けて、毎月一回、第四火曜日の夜に開催してきました。第１回から第３８回までのテーマは表１になります。

表１　　生活数学セッション　毎月第4火曜日開催

回数	テーマ一覧
1	平成21(2009)年8月：品質が数学の対象になる時——量から数へ、数を扱う世界へどうぞ
2	9月：数値文化の諸現象——拙著　『生活文化と数学』第４章より
3	11月：数値文化を考える
4	平成22(2010)年1月：データ表現と図表現をめぐって——サラリーマンの給料実態データを使って(平均の意味)
5	2月：データの扱い方と図表現のポイント１——時系列でないデータ(日経新聞の楕円グラフを使う)
6	3月：データの図表現をめぐって、作成ポイント２——アンケートの作りり方と集計の仕方を例に
7	4月：時系列データを図に表現する意味と作成のポイント３——コーヒー輸入量の年次別データを使って
8	5月：日常を数学の目で見る事始——水道料金表に目を向けて(作業プリントの開始)
9	6月：数値の誕生(数えるとはかる、離散と連続）、計算の必要性、塵劫記を例に、日本の数値文化
10	7月：日本固有の数学の衰退(要因は？　「洋算」摂取をめぐって、筆算神話、生活数学の実際
11	8月：サイズをめぐって——連続量表現の実際例、ひだまり肌着男性用サイズ表現の観察、ほか
12	9月：JR運賃表（2010.9.9表１）の表現観察
13	10月：安売り競争の背景——家計調査
14	11月：血圧測定とデータの読み方——測定器と高い方と低い方の測定値の相関は？
15	12月：速いと遅い
16	平成23(2011)年1月：比率に目を向けて
17	2月：金利を使って数学するーその１
18	3月：金利に目を向けてーその２

19	4月：文科省『日常生活と放射線』（A4版１頁分）を数学の目で捉える
20	5月：対数目盛の効用――ミクロとマクロのデータを一画面にして表現するには？
21	6月：年利率5%の複利方式で銀行から借りたとき借金が２倍になるのは何年後か。
22	7月：『真夏の集い』の予算は一人いくら？――平均と標準偏差の意味に迫るステップとして
23	8月：ある新聞記事のアンケート結果の処理をめぐって―平均と標準偏差の意味に迫るステップとして
24	9月：ひょうたん型花瓶の体積を測る――江戸時代の庶民の知恵No.１
25	10月：円錐台花瓶の体積を測る――江戸時代の庶民の知恵No.２
26	11月：勾配表現をめぐって――日本と外国、今と昔
27	12月：あなたの来年の誕生日の曜日は？――カレンダー方式活用法
28	平成20(2012)年1月：カレンダーを横に見ると――生まれる数学とは、周期関数
29	2月：観覧車から見えてくる数学（１）――回転運動を上下左右で捉えるには？
30	3月：観覧車から見えてくる数学（２）――ゴンドラの昇降の位置表現
31	4月：観覧車から見えてくる数学（３）――ゴンドラの左右の位置表現
32	5月：日々の生活現象は時系列データで捉えられる（１）――東京電力使用量データを使って
33	6月：日々の生活現象は時系列データで捉えられる（２）――電気洗濯機の生産と販売の平成２３年の特徴
34	7月：日々の生活現象は時系列データで捉えられる（３）――電気洗濯機の生産と販売の関連(相関係数)
35	8月：日々の生活現象は時系列データで捉えられる（４）――自転車の生産と販売の相関(相関係数)
36	**9月:3周年記念祝祭**
37	11月：数値文化の近未来１　生活現象の中のマクロ数値とミクロ数値（１）数表現（今昔）
38	12月：数値文化の近未来２　生活現象の中のマクロ数値とミクロ数値（２）対数目盛

表1のように生活数学セッションは、3年36回で3周年を迎え、37回から新しいテーマの「数値文化の近未来」として、2019年（令和元年）12月で、84回、通算124回になります。

ここには掲載していませんが、セッション参加者から、江戸時代の和算や対数と対数目盛にも触れてほしいという要望があり、

・関孝和の数学*）（数値文化の近未来40～49）

・桁数の違いが大きい大量時系列データの扱い方（数値文化の近未来50～59）

について、それぞれ10回分をテーマに取り上げました。

*）岡部進著『算聖・関孝和の「三部抄」を読む』ヨーコ・インターナショナル2017年12月1日

（4）生活数学を広めるためにメールマガジンの発信

また、月初めにメールマガジンを発信してきました。第1回は、平成21年（2009年）3月18日で、タイトル「スイカカードの便利と懸念」です。その後、寄稿してくださる方もあり、現在ではプリントアウトすると、A4サイズの用紙で15～6頁にもなる長文メールマガジンです。

図1は、令和2年（2020年）8月号で、142回目となる表紙です。

図1を見ると、二人の寄稿者の連載も続いています。筆者は、本文とあいさつ文、ワンポイント文を担当しています。本文のメインテーマは「なぜと問うことの中で」で68回連載し、いまも継続中です。

この内容は、近年の魚類、野菜、果物などの国内生産量や輸入量の年次別国別データを題材に、データの見方や特徴の捉え方などの解析をするという内容です。

もちろん、国内生産量や輸入量などの年次別推移を見るにしても、作表や作図（折れ線や関数のグラフ）もしますし、解析する過程で近似直線や近似曲線を求めることもあって、今ではパソコンが必要不可欠になり

＝＝＝＝＝＝＝＝＝＝＝＝＝SSN mail magazine＝＝＝＝＝＝＝＝＝＝＝＝＝＝

第１４２号　暮らしに役立つ・・・生活数学ネットワーク 便り

岡部進の「生活数学」情報通信

＝＝＝＝＝＝＝＝＝＝＝＝＝＝＝＝＝＝＝＝＝＝＝＝＝＝＝＝＝＝＝＝＝

2020年8月3日（令和2年）

★head line———☆

１．あいさつ
２．セッション及び講演案内
３．「なぜ」と問うことの中で（６８）
　—輸入果物シリーズ（11）メロン—　岡部　進
４．世界の気になる情報と数値
　—読書とネットサーフィンから—その３２—
　【予告のテーマ：世界は今後どうなって行くのだろう？(8)】田村　一郎
＊【特別コーナー】思い出の写真　杉原潔—その１１
５．チベットの旅（６）　黒沢　宥
６．著書及び新刊本紹介
７．今日のワンポイント…「日照時間」　岡部　進
８．編集後記

図１　最新のメールマガジンの表紙タイトル

ました。

特にエクセルソフトが使えるか否かで解析の深みが変わってきます。

とにかく、情報機器の進歩に遅れないことが大事でしょう。こうした活動は継続中ですが、いろいろな方に賛同を得て「生活数学」の中身が少しずつ広がっているようです。

生活数学ネットワークに参加している方達には感謝です。

第一章　数学者小倉金之助著作の一部

第一章 数学者小倉金之助
著作の一部（続き）

第二章

第二章 54 頁

第一章～第二章　尚、写真は山海堂出版部
昭和 3 年 9 月 18 日発行のもの

第二章

平成 30 年 (2018 年)9 月 25 日
第 105 回 生活数学セッション

第三章 104 ～ 107 頁
（単元１．数学史記述）

第三章 新制高校「解析Ｉ」
教科書の表紙

第三章 107 ～ 108 頁
（単元８．対数 トビラ）

令和２年（2020 年）第 126 回 生活数学セッション

岡部 進 susumu okabe

プロフィール

１９３５年神奈川県小田原市生まれ。１９５９年3月横浜国立大学学芸学部数学科卒。日本大学教授（工学部）、芝浦工業大学工学部特任教授（教職課程担当）を歴任。数学教育史専攻、著書多数。小倉金之助研究で知られる。日本文化を見つめるという視点を生かして「縦書き」で「生活数学シリーズ」を執筆。１０冊目を２０１１年刊行して完結。第2弾「続・生活数学シリーズ」をスタート。本著は、「茶の間に対数目盛」「数値文化論」「算聖・関孝和の『三部抄』を読む」に続く第4冊目の刊行。現在、生活数学ネットワーク代表。

明日への生活数学

２０２１年3月1日　第一刷発行

著者　岡部 進

発行者　前田 洋子

発行所　生活数学ネットワーク／ヨーコ・インターナショナル

〒151－0061　東京都渋谷区初台１－５０－４

電話・FAX　０３－３２９９－７２４６

URL　http://www.yo-club.com

ISBN978-4-9905889-5-3

製本・印刷・株式会社第一印刷所

生活数学シリーズ本・案内

1．「洋算」摂取の時代を見つめる　　２８４頁　２６２５円
書籍コード：ISBN978-4-9904507-0-0
明治維新後の政府は西洋数学・西洋統計学の普及を目指すが、このときに活躍した人物に光を当てて、海外に目をむけていく様子を捉えた。

2．日常素材で数学する　　２４１頁　２１００円
書籍コード：ISBN978-4-9904507-1-7
数学の素材は、身辺にあふれている。この中から、現代数学の中心概念を扱った。高校生・大学生の輪読に最適。

3．「生活数学」のすすめ　　２０５頁　２１００円
書籍コード：ISBN978-4-9904507-2-4
算数で扱っている数・量・比率、式とグラフ、確からしさなどの意味を日常とからめて平易に説明しているので、数学的素養を膨らましてくれる。

4．算数・数学への疑問から　　２２１頁　２１００円
書籍コード：ISBN978-4-9904507-3-1
数学は頭で作られるもの、観念の創作という数学観を再考するには最適な書。「なるほど」と数学への固定観念が打開できるような哲学書に近い。

5．生活幾何へのステップ～形からの出発　　２３１頁　２１００円
書籍コード：ISBN978-4-9904507-4-8
「論証幾何」が学校から消えて久しい。アメリカの高校幾何を紹介する中で、日本の幾何教育のあり方を再考する。

6．ここにも生活数学　　２３０頁　２１００円
書籍コード：ISBN978-4-9904507-5-5
数値や数値計算が捨てられている現実に目を向けて、近似値、場合の数、時系列データ、演繹的議論、などを生活に目を向けてあつかい、その捉え方の転換と必要性を説いている。

7．生活文化と数学　　２３７頁　２１００円
書籍コード：ISBN978-4-9904507-6-2
数値が氾濫するという「数値文化」（造語）の現実を捉え、日本に見られる生活文化の内実を追求する一方で、ハワイ原住民文化の悲劇的な行方にも学ぶ。

8．競う現象と生活数学　　２６０頁　２１００円

生活数学シリーズ本・案内

書籍コード：ISBN978-4-9904507-7-9
「競争」と「競走」、「速い」と「遅い」に目を向けると、「瞬間とは」に入り込む。
この「微分」への誘いの道を生活と数学の目で解説している。

9．まわるとくりの数学　２４７頁　２１００円
書籍コード：ISBN978-4-9905889-0-8
回るものは繰り返して同じ事を起こすことが出来る。こうしたものは人間にとって大事な道具である。この原理を生活と数学の目で追求している。

10．集めてはかる数学　２４１頁　２１００円
書籍コード：ISBN978-4-9905889-1-5
一枚では測れないものは集めると測れる。こうした場面は日常にいろいろに見受けられる。この捉え方は、積分への道であると生活の目で解説している。

特1．知的好奇心のヒント～数値文化を考える　１７１頁　８４０円
書籍コード：ISBN978-4-9904507-9-3
毎月発信中のメールマガジン『岡部進の「生活数学」情報通信』の１～１６号までをまとめたもの。

新・生活数学シリーズ

1．茶の間に対数目盛　３・１１震災に学ぶ　２６５頁　１５００円
書籍コード：ISBN978-4-9905889-3-9
２０１１年（平成２３年）３月１１日に起きた東日本大地震から何を学ぶか。
震災規模を長期データで読むことで見えてくるもの・・・。

2．数値文化論　２２８頁　１５００円
書籍コード：ISBN978-4-9904507-4-6
数値文化が新しい文化を生み出している！いま数値が大量に捨てられ、大量に拾われている。こうした数値に人々は、どう向き合えばよいのか。その向き合い方は？また、数値には、その背後に「生活の中の数学」（生活数学）が潜んでいる。この数学とは？。

3．江戸時代の文化思想として
算聖・関孝和の「三部抄」を読む　２０２頁　２０００円
書籍コード：ISBN978-4-9905889-2-2

生活数学シリーズ本・案内

関孝和は、鎖国政策の中でソロバンの四則演算から抜け出して、紙面上で可能な四則演算表現を独創し、方程式を解きました。これが「三部抄」です。

本書は、その解説ですから、数学のイロハにつながるでしょう。